Leitfaden der Werkstoffkunde

Von

Dr. Rudolf Jockel

Marineschule Flensburg-Mürwik

Zweite, neubearbeitete Auflage

Mit 51 Textabbildungen

Springer-Verlag Berlin Heidelberg GmbH 1943

ISBN 978-3-662-35636-4   ISBN 978-3-662-36466-6 (eBook)
DOI 10.1007/978-3-662-36466-6

Vorwort zur ersten Auflage.

Der vorliegende Leitfaden soll dem Technologie-Unterricht für den technischen Offizier- und höheren Baubeamten-Nachwuchs der Kriegsmarine dienen. Für das Verständnis werden die Kenntnisse des Abiturienten vorausgesetzt. Die chemischen Grundlagen der Technologie vermittelt dem vorgesehenen Leserkreis die „Chemie des Waffen- und Maschinenwesens" von Marine-Oberstudiendirektor S. Paarmann, deren zweite Auflage nicht mehr die Werkstoffe behandelt.

Die Stoffverteilung des Leitfadens ist geleitet von dem Gedanken, nur den Gewinnungs-, Veredlungs- und Prüfverfahren von heute Raum zu geben und darüber hinaus Einblicke in die moderne Entwicklung zu vermitteln. Dabei werden die Belange der Kriegsmarine berücksichtigt.

Flensburg, im April 1940.

R. Jockel.

Vorwort zur zweiten Auflage.

Das Stoffgebiet wurde neu gegliedert und vielfach ergänzt. Als neuer Abschnitt ist eine Zusammenstellung der Werkstoffverwendung im Waffen- und Maschinenwesen hinzugekommen. Es soll damit in Kürze der Einsatz wichtiger Werkstoffe in der modernen Kriegstechnik dargelegt sein. Außerdem ist dem Korrosionschutz ein besonderer Abschnitt gewidmet.

Flensburg, im Dezember 1942.

R. Jockel.

Inhaltsverzeichnis.

I. Grundforderungen an die Werkstoffe.

Bei der Wahl eines Werkstoffes ist seine voraussichtliche Beanspruchung bestimmend. Die vielseitige Verwendung eines Materials bringt zwar eine wechselnde Kombination der verlangten Werkstoffeigenschaften mit sich, aber einige grundlegende Forderungen sind von den Werkstoffen möglichst immer zu erfüllen. Zu diesen hauptsächlichen Eigenschaften gehören Festigkeit, Dehnung, Härte und Korrosionsbeständigkeit. Während die ersten drei Ansprüche bei den verschiedensten Möglichkeiten der mechanischen Werkstoffbelastung von Bedeutung sind, wird die Frage nach der Korrosionsbeständigkeit beim Auftreten chemischer Einflüsse gestellt.

Festigkeit. Die Festigkeitseigenschaft fordert man bei gleichmäßiger wie wechselnder Beanspruchung durch Zug, Druck, Biegung, Verdrehen, Knicken oder Wärmeeinfluß. Dem Aushalten von Wechselbelastung wird bei der Werkstoffbeurteilung heute besondere Beachtung geschenkt. Je nach der Art der Belastung spricht man von Zug-, Biege- usw. Festigkeit. Die zahlenmäßige Angabe der Festigkeit erfolgt in der Dimension kg/mm². Man bezieht die aufgewandte Kraft in kg auf 1 mm² des beanspruchten Querschnittes. Durch einen Zerreißversuch bestimmt man die Belastung, die das Material bis zum Bruch aufnehmen kann. Sie wird allgemein als Festigkeit σ_B in kg/mm² für die Werkstoffe genannt.

Die Belastung des Materials ist mit einer Formveränderung verbunden. Solange die Dehnung nach dem Fortfall der Materialbeanspruchung wieder vollkommen zurückgeht (unterhalb der Elastizitätsgrenze), werden bei der Werkstoffverwendung keine Schwierigkeiten auftreten. Bei Konstruktionen darf die Belastung nicht zu bleibender Dehnung führen. Es interessiert deshalb für genauere Werkstoffbeurteilung und Konstruktionsberechnungen die Spannung, bei deren Überschreiten das Material zuerst dauernd praktisch verformt wird. Diese Belastungsgrenze wird als Streck- oder Fließgrenze bezeichnet.

Dehnung. Eine gute Dehnungsfähigkeit wird für leichte Bearbeitbarkeit und Verformung zur Herstellung der Werkstücke verlangt. Geschmeidigkeit und Zähigkeit sind insbesondere für kalt zu verformende Materiale erwünscht. Als Maß für das Formänderungsvermögen wird hauptsächlich die Bruchdehnung δ genommen. Sie gibt die prozentuale Verlängerung des Werkstoffes nach dem Bruch durch den Zerreißversuch an.

Härte. Die Forderung einer ausreichenden Härte stellt man bei Werkstoffen, die Druckbelastungen und dem mechanischen Angriff anderer

Stoffe ausgesetzt sind. Die Zahlenangaben über die Materialhärte sind je nach der Meßmethode verschieden. Meistens bestimmt man die Härte aus dem Eindruck einer gehärteten Stahlkugel in das Prüfstück. Die Härtezahlen einer solchen Kugeldruckprüfung errechnen sich aus dem Verhältnis der aufgewandten Kraft zur erzeugten Eindruckfläche in kg/mm^2.

Korrosionswiderstand. Mit Korrosion bezeichnet man in erster Linie die Materialveränderung von der Oberfläche aus, hervorgerufen durch chemischen oder elektrochemischen Angriff. Die Korrosionsbeständigkeit ist natürlich bei allen Werkstoffen erwünscht. Manche Metalle verhalten sich nur beschränkt passiv gegenüber chemischen Einflüssen. Wie groß der Korrosionswiderstand im einzelnen Falle ist, wird in der Regel durch Vergleichen mit einem sinngemäß ausgewählten Werkstoff beantwortet, dessen Verhalten gegen den chemischen Einfluß bekannt ist. Sofern bei Werkstoffen im Gebrauch mit chemischen Zerstörungen gerechnet werden muß, führt man für sie geeignete Korrosionsschutzmaßnahmen durch.

Auch in Bezug auf die Herstellungsweise und Brauchbarkeit für die Weiterverarbeitung werden an die Werkstoffe bestimmte Anforderungen gestellt. Hierzu zählen die technologischen Eigenschaften Gießbarkeit, Schwindungsfreiheit, Walzbarkeit und Schnittbearbeitung.

Außer den rein technischen Gesichtspunkten sind heute bei der Auswahl des zu verarbeitenden Materials in gleicher Weise wirtschaftspolitische Rohstofffragen mit entscheidend. Man ist bemüht, auslandsabhängige Werkstoffe durch andere gleichwertige Materialien zu ersetzen.

In die Mannigfaltigkeit der Werkstoffe wird eine gewisse Ordnung durch die Einteilung nach den DIN Normen gebracht. Soweit die Werkstoffe schon in das Normenverzeichnis aufgenommen sind, soll in den folgenden Abschnitten darauf eingegangen werden. Die Normierung hat den Vorzug, daß die Mindesteigenschaften der Materialien angegeben werden, und somit die Bedingungen für Anforderung und Lieferung der Werkstoffe genau festgelegt sind.

II. Herstellung und Eigenschaften der Werkstoffe.

Die Metalle kommen selten in gediegener Form, meistens als Erze im Erdreich vor. Sie werden in chemischer Bindung mit Sauerstoff, Schwefel, Silizium oder Kohlenstoff gefunden. Es ist Aufgabe der Erzverhüttung, aus den vorliegenden Metall-Oxyden, Sulfiden, Silikaten oder Karbonaten die gewünschten Metalle frei zu machen. Die Verhüttungstechnik benutzt in der Regel zur Aufschließung der Metallverbindungen die Reduktion über Kohle bzw. Kohlenoxyd. Der chemische Vorgang der Reduktion ist grundsätzlich:

$$\text{Metalloxyd} + \frac{\text{Kohle oder}}{\text{Kohlenoxyd}} = \text{Metall} + \text{Kohlendioxyd}.$$

Metallsulfide werden durch vorheriges Oxydieren (Rösten) reduktionsreif gemacht. Das Abrösten der Erze geschieht auf Grund der chemischen Reaktion:

$$\text{Metallsulfid} + \text{Sauerstoff} = \text{Metalloxyd} + \text{Schwefeldioxyd}.$$

Reicht die Reduktionskraft der Kohle zur Aufspaltung der Metallverbindung nicht aus, so benutzt man die elektrolytische Zersetzung durch den elektrischen Strom. Dieses Metall-Gewinnungsverfahren hat den Vorteil, sehr reine Metalle zu liefern.

Die Elektrolyse setzt hohen Reinheitsgrad und in vielen Fällen Wasserlöslichkeit der Metallverbindung voraus. Da die Metallchloride meist leicht zu verdampfen und gut löslich sind, schaltet man nötigenfalls das Chlorieren der Erze der Elektrolyse vor. Metalloxyde werden nach dem Schema:

$$\text{Metalloxyde} + \text{Chlor} = \text{Metallchlorid} + \text{Sauerstoff},$$

Metallsulfide nach dem Vorgang:

$$\text{Metallsulfid} + \text{Chlor} = \text{Metallchlorid} + \text{Schwefelchlorür}$$

chloriert. Das Chlorierverfahren ermöglicht eine vollständige Verflüchtigung der Metallanteile im Erz. Es bedarf hierfür keiner besonderen Vorbereitung des Erzes. Die verbrauchten Chlormengen kann man zurückgewinnen.

Die im einzelnen Fall angewandten Erzaufbereitungsverfahren sollen bei der Besprechung der verschiedenen Metalle genannt werden.

1. Eisen und Stahl.

Mit „Eisen" bezeichnet man sowohl das chemisch reine Metall Fe als auch das technische Eisen. Das technische Eisen unterteilt man in Roheisen, Stahl und Gußeisen. Nur der Stahl ist schmiedbar.

Roheisen.

Auch heute noch ist das Eisen das technisch weitaus wichtigste Metall. Die Weltproduktion an Roheisen betrug 1938 82,3 Mill. t. Hiervon wurden 22 % in Deutschland erzeugt.

Die wichtigsten Eisenerze sind:

Name	Verbindung	Eisengehalt des Erzvorkommens %	Hauptfundstätten
Magneteisenstein .	Fe_3O_4	50—70	Norwegen, Schweden, Ural
Roteisenstein . . (Hämatit)	Fe_2O_3	40—60	Spanien, Rußland, Nordamerika, Nordafrika, Lahn und Dillgebiet
Brauneisenstein . (Raseneisenstein),	$2\,Fe_2O_3 \cdot 3\,H_2O$	30—45	Lothringen (Minette), Harz (Salzgitter), Bayern-Württemberg (Doggererze), Algier
Spateisenstein . . (Ton eisenstein) . .	$FeCO_3$	25—40	Siegerland, Steiermark
Eisenkies	FeS_2	Abröstprodukt 60—65	

Der Wert der Erze wird nicht allein nach dem Eisengehalt beurteilt, sondern fast ebenso wichtig ist das mitgeführte Gestein (Gangart) der Erze. Manganbestandteile sind erwünscht, Kieselsäure-, Schwefel- und Phosphorgehalt dagegen erschweren die Roheisen- und Stahlgewinnung. Um die im Erz vorhandenen, lästigen Bestandteile zu entfernen, müssen dem Verhüttungsprozeß verschlackend wirkende Zuschläge beigegeben werden. Bei kieselsaurer und toniger Gangart muß der Zuschlag basischer Natur sein (Kalkstein, Dolomit).

Die Roheisengewinnung geschieht durch den Hochofenprozeß. Abb. 1 zeigt den Aufbau einer Hochofenanlage. Der Hochofen ist ein Schachtofen in der Form zweier, an den breiten Enden sich berühren-

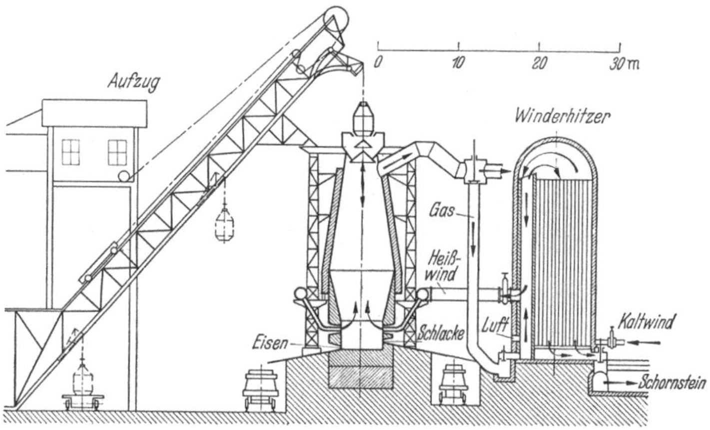

Abb. 1. Schematische Darstellung einer Hochofenanlage. (Nach Riebensahm, 1925, TWL Nr. 10771.)

der, abgestumpfter Kegel. Die Ofenbeschickung geschieht über den Schrägaufzug in die sog. Gicht, wo abwechselnd Erz, Koks und Kalk eingefüllt werden. Von unten bläst auf 600—800° vorgewärmte Luft (Wind) in den Ofen.

Die Verhüttung der Eisenerze beruht hauptsächlich auf den Vorgang der indirekten Reduktion. Der Koks verbrennt zuerst zu CO_2. Oberhalb 700° zerlegt überschüssiger Kohlenstoff das CO_2 zu CO:

$$CO_2 + C = 2\,CO.$$

Das hochsteigende CO reduziert dann das Eisenerz:

$$Fe_2O_3 + 3\,CO = 2\,Fe + 3\,CO_3.$$

Im einzelnen gehen in den verschiedenen Schichten des Hochofens von oben nach unten folgende Reaktionen vor sich:

1. Vorwärmzone bis 300°: Austreiben von hygroskopisch und chemisch gebundenem Wasser.

2. Reduktionszone bis 1000°: Fe_2O_3 wird stufenweise durch CO in $Fe + CO_2$ übergeführt. Das freigewordene Eisen findet sich in feinverteilter, aber noch nicht flüssiger Form vor.

3. An der breitesten Stelle des Hochofens die Kohlungszone bei 1000—1200°: Eisen sättigt sich mit Kohlenstoff: $3\,Fe + 2\,CO = Fe_3C + CO_2$.

4. Schmelzzone über 1300°: Durch Bildung der Legierung Fe mit Fe_3C wird das reduzierte Eisen schon unterhalb seines Schmelzpunktes von 1528° flüssig. Außerdem wirkt hier bei den hohen Temperaturen der Kohlenstoff direkt reduzierend auf Fe_2O_3.

Gleichzeitig mit der Reduktion der Eisenerze läuft die Wirkung des Zuschlages. Zuerst bindet der Kalk die Verunreinigung des Eisenerzes unter Schlackenbildung. Aber über 900° gehen durch direkte Reduktion aus der Schlacke Phosphor vollständig, Schwefel und Mangan teilweise in das Eisen über. Das Roheisen wird dabei um so schwefelhaltiger, je kieselsäurereicher die Schlacke ist. Bei genügendem Kalkzuschlag bleibt S als CaS in der Schlacke gebunden. Ebenfalls wirkt Mangan durch Bildung von MnS entschwefelnd, sofern basische Schlacke gebildet wird.

Die abziehenden Gichtgase enthalten N_2, CO_2 und CO. Sie dienen zur Vorwärmung der Winderhitzer.

Das flüssige Roheisen, das sich im unteren Teil des Hochofens (Gestell) gesammelt hat, wird abgestochen. Es läuft entweder durch Rinnen in Sandformen (Masselbett) zum Erstarren oder wird flüssig dem Stahlwerk zur weiteren Verarbeitung zugeführt.

Die auf dem Roheisen schwimmende Schlacke wird über die Schlakkenrinne abgestochen. Die Tageserzeugung eines Hochofens beträgt bis 1000 t Roheisen. Die Durchsatzzeit dauert bis 36 Std.; Abstechen findet alle 2 bis 3 Std. statt.

Das Roheisen des Hochofens enthält neben Si, Mn, P und S durchschnittlich 3—4% C. Man unterscheidet nach der Bruchfarbe weißes und graues Roheisen. Weiße Bruchfläche ist darauf zurückzuführen, daß der Kohlenstoff hauptsächlich in der weißen Verbindung Fe_3C gebunden ist, während im anderen Falle der Kohlenstoff sich beim Erstarren zum größeren Teil als Graphit ausgeschieden hat. Schnelles Abkühlen und Mangangehalt fördern die Bildung von weißem Roheisen.

Die folgende Tabelle gibt die Zusammensetzung der wichtigsten Roheisensorten an. Die unter 1. genannten dienen zur Gußeisen-, die unter 2. aufgeführten zur Stahl-Herstellung.

Zahlenangaben in %.

Roheisengattung	Bruch	C	Si	Mn	P	S
1. Hämatit . .	grau	3,5—4,5	2—3	0,7—1,2	0,1	0,4
Gießerei-Roheisen I—IV	grau	3—4	1,8—3	0,5—2	0,1—1,9	0,05—0,10
2. Martin-Roheisen . . .	grauweiß	3—4	1—2	1,5—4	0,2—0,3	0,03—0,10
Stahleisen .	weiß	3—3,5	1	2—6	0,07—0,1	0,02—0,05
Thomas-Roheisen . . .	weißgrau	3—4	1	1—1,5	1,7—2	0,10—0,12
Spiegeleisen	weiß	4—5	1	6—30	0,06—0,1	0,04
Ferromangan	weiß	5—7,5	0,2—1,3	20—80	0,3—0,4	0,01—0,02
Ferrosilizium	grau	3—1	8—10	0,6—1	0,07	0,01—0,02

Deutschland hat bis in die letzte Zeit große Mengen ausländischer Eisenerze verhüttet. Erst durch die Autarkiebemühungen ist man dazu übergegangen, auch die in Deutschland bislang als minderwertig angesehenen Eisenerze zu verarbeiten. Diese Erze sind nämlich nicht eisenärmer als etwa die geschätzte Lothringer

Minette. Unterschiedlich sind die Minette und das im Salzgittergebiet vorhandene Erz hauptsächlich in ihrem Gehalt an Schwefel, Tonerde und Kalk.

Das hochkieselsaure (20—30%) und kalkarme (3—5%) Salzgittererz verlangt im üblichen Hochofenprozeß Mengen an zugeschlagenem Kalk, die das Verhüttungsverfahren unwirtschaftlich und den Hochofen zu einer Schlacken- statt Eisengewinnungsanlage machen. Denn zur Entfernung des für Hochofenverhüttung hohen Schwefelgehaltes (bis 0,15%) dieser deutschen Erze muß im Hochofenprozeß eine basische Schlacke erreicht werden.

Um solche Erze trotzdem lohnend verhütten zu können, hat man besondere Aufbereitungsverfahren, wie Herstellung von Erzkonzentraten durch Trennung nach dem spezifischen Gewicht oder nach deren magnestischen Eigenschaften entwickelt. Diese Methoden haben sich aber nicht völlig durchsetzen können. Die Reichswerke Hermann Göring bringen das von Paschke und Peetz entwickelte saure Schmelzen im Hochofen zur Anwendung. Hierbei wird auf eine Entschwefelung im Hochofen verzichtet und damit durch geringeren Kalkzuschlag eine sauere Schlacke erzeugt. Das abgestochene, sehr schwefelhaltige Roheisen, wird erst später durch Behandlung mit Natriumoxyd entschwefelt. Das in der Form von Soda beigegebene Na_2O bindet den Schwefel als Natriumsulfid. Durch dieses Verfahren behalten die Hochöfen ihre Leistungsfähigkeit, weil keine unverhältnismäßig großen Mengen an Kalkbeischlag erforderlich sind. Der Entschwefelungsprozeß ist heute soweit vereinfacht, daß man die Soda heißflüssig während des Hochofenabstiches direkt auf das flüssige Eisen rieseln läßt.

Für die Herstellung von chemisch reinem Eisen besteht von Sonderzwecken (für Magnete Karbonyl- und Armko-Eisen) abgesehen, technisch wenig Interesse. Die mechanischen Eigenschaften des reinen Eisens sind für die Praxis völlig unzulänglich. Seine Zugfestigkeit beträgt nur 22 kg/mm².

Zur Erzeugung des technischen Eisens schließt sich an die Roheisengewinnung ein umfangreicher Weiterbehandlungsprozeß an.

Das Roheisen des Hochofens ist als Werkstoff schlecht zu verwenden. Es ist weder schmiedbar noch schweißbar. Außerdem wirken sich der Schwefel- und Phosphorgehalt sowie die Schlackeneinschlüsse nachteilig auf die Eigenschaften des Eisens aus. Schwefel ruft Kaltbrüchigkeit und Phosphor Rotbrüchigkeit hervor. Aufgabe der Herstellung von technisch brauchbarem Eisen ist, durch geeignete Raffinationsverfahren das Roheisen in seinen Eigenschaften zu verbessern. Je nach dem Verwendungszweck und den gewünschten Eigenschaften des technischen Eisens verarbeitet man das Roheisen zu Stahl oder Gußeisen.

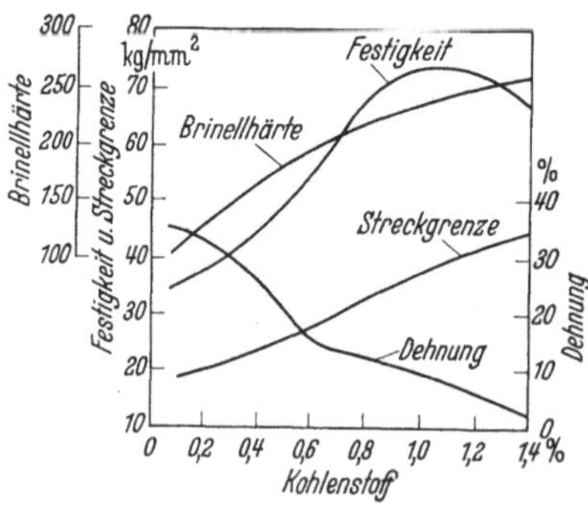

Abb. 2. Die mechanischen Eigenschaften des Stahles in Abhängigkeit vom Kohlenstoffgehalt.

Stahl.

Alles schon ohne Nachbehandlung schmiedbare Eisen wird als Stahl bezeichnet. Sein Kohlenstoffgehalt (chemisch gebunden als Fe_3C) beträgt höchstens 1,7%; er hat wesentlichen Einfluß auf die mechanischen Eigenschaften (Abb. 2). Mit zunehmendem Kohlenstoff-Gehalt steigt die Härte, bei gleichzeitiger Abnahme der Dehnbarkeit.

Der Stahl findet in der Technik vielfältige Verwendung. Man unterscheidet Baustahl und Werkzeugstahl. Verlangt man neben genügender

Festigkeit noch hinreichende Dehnung für die Verarbeitung und elastische Aufnahme der Belastungen, so wählt man einen Stahl mit nicht zu hohem Kohlenstoff-Gehalt. Die Baustähle, wie sie z. B. für Hochbau-, Schiffs-, Kessel- oder Motorenkonstruktionen gebraucht werden, haben im allgemeinen höchstens 0,6% Kohlenstoff. Bei diesen ist eine möglichst hohe Streckgrenze erwünscht. Für Werkzeuge, die außer Festigkeit eine gewisse Härte besitzen sollen, wählt man höher gekohlte Stähle. Kennzeichnend für die Werkzeugstähle ist, daß sie durch eine geeignete Warmbehandlung eine wesentliche Erhöhung der Härte erfahren können.

Stahl wird aus weißem Roheisen erzeugt. Durch oxydierendes Schmelzen (Frischen genannt) wird der Kohlenstoffgehalt unter 1,7%

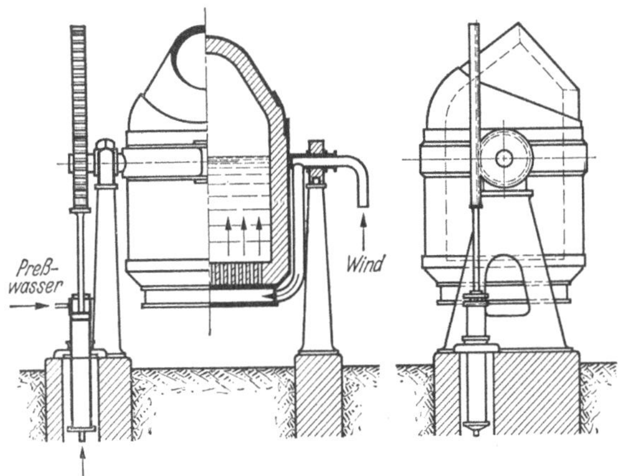

Abb. 3. Bessemer- oder Thomas-Birne. (Nach Riebensahm 1925, TWL. 10770.)

herabgesetzt. Gleichzeitig reagieren die anderen unerwünschten Bestandteile des Roheisens zu Verbindungen, die sich von dem Eisen trennen lassen. Das Frischen des Eisens zu Stahl geschieht durch Oxydation mit Luftsauerstoff und Eisenoxyde. Der Frischprozeß wird heute fast ausschließlich im flüssigen Zustand des Eisens vorgenommen. Man nennt deshalb das Enderzeugnis Flußstahl. Nur in ganz beschränktem Umfang führt man das Frischen im teigigen Zustand durch (Puddel- oder Schweißstahl).

Im Roheisenmischer, wo durch das Sammeln mehrerer Hochofenchargen eine gleichmäßige Roheisenmischung erzielt wird, tritt schon durch Bildung des im flüssigen Eisen unlöslichen Schwefelmangans MnS eine Entschwefelung ein.

Beim Frischen verbrennen der Kohlenstoff und auch etwas Schwefel zu den gasförmigen Produkten CO_2 bzw. SO_2. Die zugleich entstehenden Oxyde des Silizium, Mangan und Phosphor entfernt man als Schlacken. Sich überschüssig bildende Mengen an Eisenoxydul FeO beseitigt man nachher durch Desoxydationsmittel wie Silizium, Aluminium, Mangan oder Ferromangan $(FeMn)_3C$. Um schließlich dem Stahl den gewünschten

Kohlenstoffgehalt zu geben, erfolgt als letzte Stufe der Stahlerzeugung das Rückkohlen mit elementarem Kohlenstoff oder kohlenstoffreichem Spiegeleisen.

Durch das Frischen entsteht zuerst FeO, dieses oxydiert dann C, Si, Mn, P:

$$C + FeO = CO + Fe$$
$$Si + 2\,FeO = SiO + 2\,Fe$$
$$Mn + FeO = MnO + Fe$$
$$2\,P + 5\,FeO = P_2O_5 + 5\,Fe$$
$$\text{in kleinen Mengen } S + 2\,FeO = SO_2 + 2\,Fe$$
$$\text{meist } FeS + Mn = MnS + Fe$$

Bessemer- und Thomas-Stahl. Recht einfach und schnell wird das Roheisen im Bessemer-Verfahren (Abb. 3) zu Stahl gefrischt. In einem birnenförmigen Konverter (Bessemer-Birne) wird das Roheisen flüssig eingefüllt und durch einen von unten eingepreßten Luftstrom (Wind-

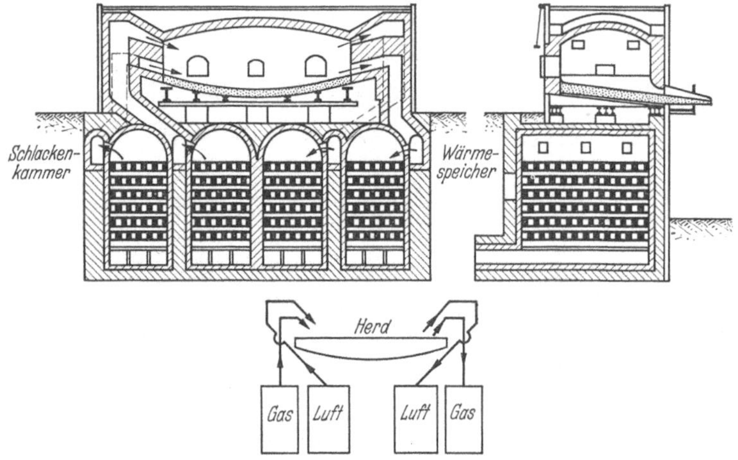

Abb. 4. Schematische Darstellung eines Siemens-Martinofen. (Nach Riebensahm, TWL. 10 769.)

frischen) in kurzer Zeit (bei 40 t Inhalt in etwa 20 Minuten) zu Stahl verwandelt. Die durch die Oxydation der Silizium-, Mangan-, Phosphor- und Kohlenstoff-Bestandteile freiwerdende Wärme genügt für das Flüssighalten der Beschickung.

Während im allgemeinen die Birne mit feuerfestem Silikatfutter ausgekleidet ist, nimmt man bei der Verarbeitung von phosphorhaltigem Roheisen ein basisches Futter (Dolomit). In dieser sog. Thomasbirne bildet das P_2O_5 mit dem Futter die Verbindung Kalziumphosphat, das als Thomasmehl für Düngezwecke Verwendung findet.

Siemens-Martin-Stahl. Für die Herstellung besserer Stahlsorten wird das Herdfrischen mit dem Siemens-Martin-Ofen benutzt. Abb. 4 ist eine schematische Darstellung eines solchen Herdofens. Der Herd ist je nach Einsatz mit basischem oder saurem Futter ausgemauert. Die Beseitigung der störenden Roheisenbegleiter erfolgt durch Wind, dessen Oxydationswirkung aber nur an der Oberfläche des im muldenförmigen Herd liegenden Eisens stattfindet. Die hierbei freiwerdende Verbrennungswärme reicht nicht aus, um die Beschickung des Ofens flüssig zu halten. Deshalb leitet man mit dem Wind gleichzeitig Heizgase (Generatorgas) über den Herd. Beide streichen zum Anwärmen vorher durch Wärmespeicher. Über dem Herd entsteht durch die Oxydationswärme des Frischprozesses und der Verbrennung des Heizgases eine Temperatur von 1700°. Die heißen Abgase wärmen anschließend die mit Gittersteinen ausgesetzten Vorwärmkammern auf 1400°. Nach jeweils 20 Minuten leitet man Wind und Heizgase in umgekehrter Richtung, um beide dann die durch die Abgase erwärmten Kammern durchlaufen zu lassen. Ein S. M.-Ofen faßt 30—100 t Einsatz. Der Frischprozeß dauert 4—12 Stunden. Der Vorteil des Herdfrischens liegt in dem besseren Überwachen der Oxydation und Desoxydation.

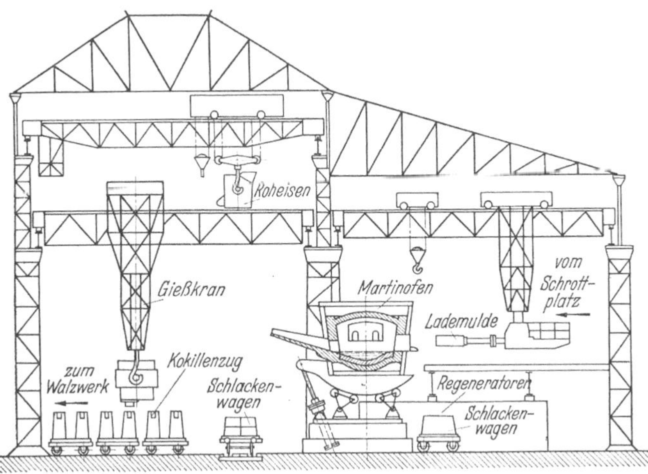

Abb. 5. Schematische Darstellung eines Martinwerkes und einer Gießanlage. (TWL. 16 131.)

Der S. M.-Stahl zeichnet sich durch wenig Schlackeneinschlüsse und geringe Schwefel- und Phosphor-Gehalte aus. Außerdem kann man den Ofen mit Roheisen und Schrott beschicken und so Alteisen wieder zu Stahl verarbeiten. Eisenoxydbestandteile beschleunigen dabei den Frischprozeß. Abb. 5 zeigt die Anlage eines S. M.-Stahlwerkes.

Der S. M.-Stahl läßt sich durch anschließende Nachraffination im Elektroofen oder Graphittiegel noch weiter verbessern. Durch Vermeidung der Berührung mit gasförmigen Brennstoffen ermöglichen diese Verfahren eine Reinigung des Stahles von eingeschlossenen Gasen, Schlacken, Eisenoxyd-, Schwefel- und Phosphorresten. Man nennt die hiernach hergestellten, hochwertigen Werkstoffe Edelstähle.

Elektrostahl. Abb. 6 ist eine schematische Darstellung eines Elektrostahlofens. Im Wechselstromlichtbogen der Kohleelektroden wird der eingesetzte Stahl flüssig. Der Strom tritt durch eine Schlackendecke in das Metallbad. Damit wird eine direkte Berührung der Kohleelektroden mit der Schmelze vermieden und etwaige Kohlenstoffaufnahme des Stahles verhindert. Der Elektrostahl zeichnet sich durch ganz besonders gute mechanische Eigenschaften aus. Er findet deshalb heute in steigendem Maße Verwendung für hochbeanspruchte Guß- und Schmiedeteile.

Tiegelstahl. Stahlsorten, von denen man ein Höchstmaß an Desoxydation und Entgasung verlangt, werden im Tiegelofen erzeugt. Das Umschmelzen und Reinigen findet dabei in feuerfesten Tiegeln aus Ton mit Graphitzusatz statt. Den Tiegelstahl nannte man früher auch Gußstahl.

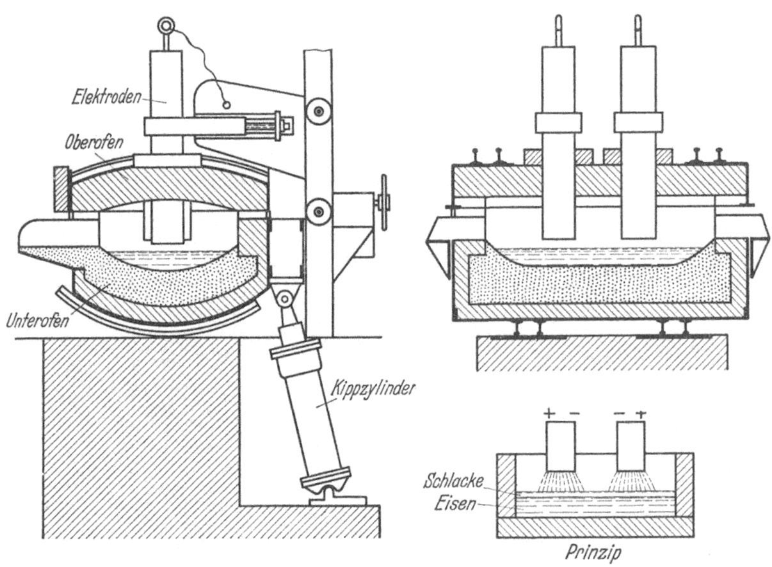

Abb. 6. Schema eines Elektrostahlofens nach Héroult-Bauart. (TWL. 16 136.)

Solange zur Eisenkomponente des Stahles nur der Kohlenstoff als Legierungspartner auftritt, spricht man von unlegiertem oder Kohlenstoffstahl. Legierte Stähle besitzen noch weitere Bestandteile (z. B. Nikkel-, Chrom-, Molybdän-, Wolfram-Zusätze).

Die legierten Stähle werden entweder im S. M.-Ofen oder Elektrobzw. Tiegelofen hergestellt. Man gibt dann dem Einsatz der Öfen die gewünschten Legierungselemente meistens in Form von Ferro-Verbindungen des Nickel, Chrom, Molybdän usw. bei. Die legierten Stähle zeichnen sich durch besonders gute mechanische Eigenschaften aus und werden deshalb als Werkstoffe für hochbeanspruchte Baukonstruktionen und Werkzeuge benutzt. In der Kriegstechnik sind sie unentbehrlich geworden.

Der flüssige Stahl dient entweder zur Herstellung von Stahlguß, oder man läßt ihn in Kokillen (konisch nach unten erweiterte, zylindrische Gußformen) zu Stahlblöcken erstarren, die eine weitere Verarbeitung durch Glühen, Walzen, Hämmern usw. zu hochwertigen Fertigerzeugnissen erfahren.

Stahlguß. Konstruktionen, die infolge ihrer komplizierten Form schwierig zu schmieden sind und stark beansprucht werden, wie z. B. Schiffsschrauben oder Anker stellt man im Stahlgußverfahren her. Der flüssige Stahl wird in eine aus Ton und Graphit hergestellte, feuerbeständige Form, die man vorher durch ein Modell des gewünschten Gegenstandes entstehen läßt, eingegossen. Die Gießtechnik gestaltet sich infolge der hohen Gießtemperatur und des starken Schwindens (bis 2%) des Stahlgusses schwierig. Nach dem Erstarren wird die Form von dem Gußstück entfernt. Über Besonderheiten in der allgemeinen Gießtechnik wird im folgenden Abschnitt berichtet.

Das Stahlgußverfahren wird auch mit Vorteil zur Massenherstellung hochwertiger Einzelteile angewandt.

Gußeisen.

Für viele, insbesondere weniger stark beanspruchte Konstruktionsteile kann auf die Schmiedbarkeit des technischen Eisens verzichtet werden. Man stellt solche Gegenstände im Gußverfahren aus grauem oder weißem Roheisen her.

Das graue Roheisen nimmt man für Grau- und Hartguß, während das vorwiegend unter Bildung des weißen Fe_3C erstarrende Eisen für Temperguß benutzt wird. Vor dem Vergießen in Formen schmilzt man Hochofenroheisen verschiedener Chargen mit unbrauchbar gewordenen Gußstücken und Schrott in einem zylindrischen Schachtofen, Kuppel- oder früher Kupolofen genannt. Man erzielt dadurch eine gleichmäßige Zusammensetzung des Gießereieisens. Als Gußformen nimmt man entweder aus Lehm bzw. Sand hergestellte oder eiserne Formen. Die richtige Anlage der Gußform ist in der Metallgießerei von größter Wichtigkeit. Nach dem Erkalten des Gußeisens wird etwa anhaftende Formmasse beseitigt.

Besondere Gießverfahren sind Spritzguß, Preßguß und Schleuderguß. Mit Spritzguß und Preßguß erzeugt man durch Gießen unter Druck lehrenhaltige Werkstücke im Massenbetrieb. Beim Schleuderguß erstarrt das Eisen unter gleichzeitigem Zentrifugieren. Man erreicht dadurch einen gleichmäßigeren Gefügaufbau, der von Einschlüssen weitgehend befreit ist. Angewandt wird der Schleuderguß zur Herstellung hochwertigen Stahlgusses für Zylinderlaufbuchsen, Ventilsitzringe, Kolbenringe, überhaupt bei Maschinenteilen, für die große Dichte und hohe Festigkeit verlangt werden.

Als besondere Gußerstarrungserscheinungen beobachtet man Schwinden des Gußstückes, Auftreten von Lunkern und Seigern. Das als Verringerung des Rauminhaltes erscheinende Schwinden hängt mit den Bestandteilen, dem Abkühlen und der Form des Gusses zusammen. Lunker sind Hohlräume im Gußstück. Sie entstehen im Innern, wo das Eisen bis zum Erstarren am längsten flüssig bleibt, und sind dem Schwinden der umgebenden, schon erstarrten Eisenschichten zuzuschreiben. Man verhüttet Lunkerbildung im Gußstück durch Ausbildung von später wegzunehmenden „verlorenen Köpfen" (auch Steiger oder Saugmasseln genannt), in denen dann als letzte Erstarrungszone die Lunker auftreten.

Der günstige Ansatz der Eingießstellen an den Formen trägt viel zur Vermeidung solcher Gußfehler bei. Seigern nennt man das Entmischen bzw. Abscheiden von Legierungspartnern infolge der Verschiedenheit ihrer Wichten. Diese Erstarrungserscheinung ruft eine ungleichmäßige Zusammensetzung in den einzelnen Zonen des Gußstückes hervor.

Grauguß. Das graue Gußeisen scheidet beim Erstarren den Kohlenstoff als Graphit aus. Er gibt der Bruchfläche des Gußstückes eine graue Farbe. Die Graphitbildung wird durch Silizium und mäßiges Abkühlen begünstigt. Innere Spannungen des Graugusses beseitigt man durch nachträgliches Glühen bei 400—600°. Phosphor macht den Guß spröde und damit stoßempfindlicher. Durch Glühen bis auf 800° läßt sich der Grauguß für die Bearbeitung weicher machen. Das Schmelzintervall liegt je nach dem Kohlenstoff-Gehalt zwischen 1150—1380°. Verwendung findet der Grauguß für Maschinenteile wie Armaturen, Kolben, Turbinengehäuse, Werkzeugmaschinen, Öfen, Flanschenrohre usw.

Bei niedrigem Silizium-Gehalt, aber schnellem Abkühlen erreicht man in den äußeren Schichten des Graugusses Erstarren des Kohlenstoffes als Fe_3C. In der weißen Außenschicht ist damit größere Härte vorhanden (Hartschalenguß). Der Kern des Gußstückes entspricht dem Grauguß. Um den Hartguß zu erreichen, benutzt man eiserne Schreckplatten. Verwendung findet dieses Gußverfahren für Gegenstände wie Walzen, Stempel, Ziehringe usw., die eine harte Oberfläche besitzen sollen.

Temperguß. Um besser bearbeitbares und dehnfähiges Gußeisen zu bekommen, scheidet man durch Glühbehandlung aus weißem Roheisen ganz oder teilweise den Kohlenstoff als Graphit aus. Durch dieses sog. Tempern wird das Gußeisen hämmerbar und an der Oberfläche in beschränktem Maße schmiedbar. Beim weißen oder europäischen Temperguß glüht man das Gußstück in oxydierender Packung (Roteisenerz). Dadurch wird ein Zerfall des Fe_3C in Eisen und Graphit erreicht und in den Außenschichten die Kohle durch das Oxydationsmittel vergast (weiße Randschichten aus fast reinem Fe). Der schwarze oder amerikanische Temperguß benutzt eine neutrale Packung. Die Kohle wird aus dem Fe_3C nur ausgeschieden aber nicht entfernt (schwarzer Bruch in der ganzen Fläche). Türbeschläge, Schlüssel, Handräder und andere kleine Gegenstände, die etwas bearbeitet werden und stoßunempfindlicher als Gußeisen sein sollen, tempert man nach dem Guß.

Die Normung des technischen Eisens.

Die „Werkstoffnormen Stahl Eisen Nichteisenmetalle" befassen sich in den Blättern 1600—1699 mit dem technischen Eisen. Die einzelnen Normblätter enthalten für die jeweils genannte Eisensorte die technischen Liefervorschriften, Eigenschaften und Abmessungen. DIN 1600 gibt eine Übersicht über die bis jetzt genormten Eisen- und Stahlsorten.

Für Stahl ist das Kurzzeichen St, für Stahlguß Stg, für Gußeisen Ge und Temperguß Te eingeführt. Bei den Markenbezeichnungen gibt die erste Ziffergruppe im allgemeinen die Mindestzugfestigkeit an. Die zweite Ziffergruppe weist auf die Nummer des zuständigen Normblattes hin. St 34.13 bedeutet Stahl mit einer Mindestzugfestigkeit 34 kg/mm^2, näher beschrieben im DIN-Blatt 1613. St C 10.61 besagt, daß der Stahl einen mittleren Kohlenstoffgehalt von 0,10% hat. Die Sonderabkürzungen E und V weisen auf Stähle hin, die einsatz- bzw. vergütungsfähig sind. C, N und Mo sind die Abkürzungen für mit Chrom, Nickel und Molybdän legierte Stähle. Mit ECN 35 bezeichnet man einen einsetzbaren Chrom-Nickelstahl mit einem Chromgehalt von 3,5%. Die Markenbezeichnung VCMo 125 gilt für einen vergütbaren Chrom-Molybdänstahl, der durchschnittlich 1% Cr und 0,25% C enthält. Außerdem gibt man durch B, Th, M, T, E die Herstellungsverfahren an, ob Bessemer-, Thomas-, Martin-, Tiegel- oder Elektrostahl gemeint ist. Die wichtigen, bis heute genormten Eisensorten, sind in der folgenden Übersicht zusammengestellt.

Zusammenstellung genormter Stahl- und Eisensorten.

Gruppe	DIN-Blatt	Benennung	Klasse	Kurzzeichen einer Sorte der Klasse
Allgemeiner Baustahl	1611	Maschinenbaustahl	A B	St 37.11 St 42.11
	1612	Formstahl usw. . .	Normalgüte	St 37.12
	1613	Schraubenstahl . .	—	St 38.13
		Nietstahl	—	St 34.13
Bleche, Rohre usw.	1621	Stahlblech.	gewöhnliche Bleche, Baubleche	St 00.21^1 St 37.21
	1622	Stahlblech (Mittelbl.)	Röhrenblech	St 34.22 R
	1623	Stahlblech (Feinbl.)	Schwarzblech I	St I 23
	1629	Nahtlose Flußstahlrohre	—	St 35.29
Sonderstahl	1661	Einsatz- und Vergütungsstahl (unlegiert).	Einsatzstähle Vergütungsstähle	St C 10.61 St C 60.61
	1662	Nickel- und Chromnickelstahl . . .	Einsatzstähle Vergütungsstähle	ECN 35 VCN 35
	1663	Chrom- und Chrom-Molybdänstahl . .	Einsatzstähle Vergütungsstähle	EC 30 VCMo 125
Stahlguß	1681	Stahlguß	Normalgüte Sondergüte Stahlguß mit besonderen magnetischen Eigenschaften	Stg 38.81 Stg 38.81 S Stg 38.81 D
Gußeisen	1691	Gußeisen	Maschinenguß ohne besondere Gütevorschriften mit besonderen Gütevorschriften mit besonderen magnetischen Eigenschaften	Ge 12.91 Ge 26.91 Ge 12.91 D
	1692	Temperguß	handelsüblicher Temperguß mit besonderen magnetischen Eigenschaften	Te 32.92 Te 38.92 D

^{1} statt Festigkeitswerte sind Biegeeigenschaften vorgeschrieben.

Außer den DIN-Normen bestehen noch Normvorschriften, die für Spezialgebiete von amtlichen Dienststellen herausgegeben sind. So benutzt die Kriegsmarine für ihre besonderen Belange in der Werkstoffverwendung außer den DIN-Normen noch Normbezeichnungen, die hinter dem Kurzzeichen die Kennzeichnung KM führen.

2. Nichteisenmetalle und ihre Legierungen.

Zu den Nichteisenmetallen gehören die Schwermetalle Kupfer, Zink, Zinn, Blei und Nickel mit Wichten zwischen 7,1—11,3 und die Leichtmetalle Aluminium und Magnesium mit Wichten unter 3. Wenn auch diese Metalle nicht in solchen Mengen wie Eisen für technische Zwecke benötigt werden, so sind sie doch für die Industrie unentbehrlich. Die Schwermetalle sind beständiger als Eisen gegenüber der Korrosion durch Luft, Wasser und teilweise sogar unempfindlich gegen Säuren- und Alkalienangriff. Leider besitzt Deutschland für die Gewinnung einiger dieser Metalle nur wenig Rohstoffe. Man bemüht sich deshalb, die sog. Sparmetalle Kupfer, Zinn und Nickel nach Möglichkeit durch Leichtmetalle oder Kunststoffe zu ersetzen.

Zusammenstellungen charakteristischer Eigenschaften
der reinen Metalle.

Reine Metalle	Kurz-zeichen	Wichte	Schmelz-punkt	Siede-punkt	Zugfestig-keit kg/mm²	Bruch-dehnung in %	Brinell-härte kg/mm²
Aluminium	Al	2,7	659°	2270°	7—11[1] 15—23[2]	45—30 8— 2	15—25 35—40
Blei. . . .	Pb	11,3	327°	1525°	1,4	60	4
Eisen . . .	Fe	7,9	1528°	2450°	22	50	60
Kupfer . .	Cu	8,9	1083°	2310°	21[1] 45[2]	50 2	35 95
Magnesium	Mg	1,7	650°	1097°	20	10	25
Nickel . .	Ni	8,8	1452°	3075°	40[1] 70[2]	4 5 2	80 180
Zink . . .	Zn	7,1	419°	907°	15	35	35
Zinn . . .	Sn	7,3	232°	2260°	2,75	40	5

[1] = weich geglüht.   [2] = hart geglüht.

Kupfer.

Kupfer wird in gediegener Form, als Oxyd und Sulfid gefunden

Die wichtigsten Kupfererze sind:

Kupferkies	$CuFeS_2$	Hauptvorkommen:	Mansfeld, Schweden, USA., Spanien
Kupferglanz . . .	Cu_2S	,,	USA., Rußland, Chile
Rotkupfererz . . .	Cu_2O	,,	Amerika, Australien, Rußland
Malachit	$CuCO_3 \cdot Cu(OH)_2$	,,	Afrika, Australien
Gediegenes Kupfer Cu		,,	Nordamerika

Der Kupfergehalt der Erze schwankt zwischen 1,5—8%. Die Aufbereitung der Erze geschieht auf trockenem wie nassem Wege. Infolge des Gehaltes an Kupfer- wie Eisensulfid und der stärkeren Affinität des Kupfers zum Schwefel bereitet die Verhüttung der Kupfererze Schwierigkeiten. Der Weg der Rohkupfergewinnung wird entweder nach dem Röstreduktions- oder Röstreaktionsprozeß durchgeführt. In beiden Fällen besteht die erste Verhüttungsstufe darin, durch teilweises Abrösten und anschließendes Niederschmelzen einen Kupferstein mit 30—45% Kupfer in Form von Cu S zu erlangen. Der hierbei zum FeO abgeröstete Eisensulfidanteil wird durch Silikat verschlackt.

Die Weiterverarbeitung nach dem Röstreduktionsverfahren sieht dann nochmaliges Abrösten des Kupfersteines und anschließendes Reduzieren im Schachtofen vor. Das hiernach anfallende Schwarzkupfer enthält 90% Kupfer.

Der Röstreaktionsprozeß verbläst in einem birnenförmigen Ofen (Konverter) den Eisensulfidrest im Kupferstein zu FeO und verschlackt dieses mit dem Silikat des Konverterfutter oder des eingeblasenen Sandes. Dabei wird Cu S teilweise zu Cu_2O weiter abgeröstet und durch die Röstreaktion: $Cu_2S + 2 Cu_2O = 6 Cu + SO_2$ in ein etwa 96% Kupfer übergeführt.

Die nasse Gewinnung wendet man bei armen Kupfererzen an. Das Kupfer wird in $CuSO_4$ oder $CuCl_2$ übergeführt und dann durch Abfalleisen als braunschwammiges Zementkupfer gefällt.

Aus den Verhüttungsprozessen der Kupfererze erhält man ein Rohkupfer mit etwa 97% Cu. Durch eine Raffinationsbehandlung im Flammenofen oder durch Elektrolyse wird das Rohkupfer verbessert.

DIN 1708 teilt das Hüttenkupfer in fünf Sorten ein, je nach der Zusammensetzung. Das Elektrolytkupfer wird nach seiner elektrischen Leitfähigkeit beurteilt.

Als besondere Eigenschaften des Kupfers sind gute Wärme- und elektrische Leitfähigkeit sowie großes Dehnungsvermögen (Bruchdehnung 40—50%) zu merken. Schon kleinste Verunreinigungen durch P, Fe, Sn, Zn, Mn setzen die elektrische Leitfähigkeit herab.

Die Korrosionsbeständigkeit des Kupfers beruht auf seinem positiven Potential gegenüber der Wasserstoffelektrode.

Die Gießbarkeit von Kupfer ist schlecht, da kleinste Mengen von leicht auftretenden Cu_2O das Gefüge spröde machen. In Kupfer kann Wasserstoff diffundieren und mit vorhandenem Cu_2O Wasserdampf bilden, der zum Aufreißen des Kupfers führt. Zur Vermeidung dieser Wasserstoffkrankheit des Kupfers darf beim Glühen (Schweißen!) nicht mit wasserstoffhaltigen Gasen gearbeitet werden.

Die schützende grüne Patinaschicht ist basisches Kupferkarbonat. Grünspan besteht aus basischem Kupferazetat.

Bronze. Die Legierungen des Kupfer mit anderen Metallen, ausgenommen Zink, nennt man Bronzen. Der Kupferanteil liegt bei den Bronzen im allgemeinen über 78%. Entsprechend dem Hauptlegierungselement zum Kupfer spricht man von Zinn-, Blei-, Aluminium-, Nickel- oder Siliziumbronzen.

Die mechanische Untersuchung der Kupfer-Zinn-Legierungen ergeben, daß es keinen Zweck hat, einen bestimmten Zinngehalt zu überschreiten. Über 20% Zinn wird die Festigkeit kleiner und nimmt die Sprödigkeit zu. Bis 8% Zinn liegen die besten Dehnungswerte. Nach DIN 1705 unterscheidet man drei Gruppen von Kupfer-Zinn-Legierungen: Zinnbronzen bis 20% Zinn, Rotguß bis 10% Zinn mit Zn- wie Pb-Anteilen und Sonderbronzen bis 10% Zinn mit Pb-Anteil. Phosphorzusatz in der Schmelze, der zur Desoxydation von gebildetem SnO_2 und Cu_2O dient, führt zu den Phosphorbronzen.

Durch das Legieren von Zinn mit Kupfer verbessert man nicht nur Festigkeit und Härte des Kupfers, sondern wird auch infolge tieferer Schmelztemperatur gute Gießfähigkeit erreicht. Bronze kann geschmiedet und gewalzt werden. Die Korrosionsbeständigkeit der Komponenten geht bei der Legierung nicht verloren. Deshalb sind Bronzen für seewasserbeständige Teile z. B. Schiffsschrauben geeignet.

Die Bronzen finden in der Technik mannigfache Verwendung. Die reinen Cu-Sn-Legierungen Gußbronze und Walzbronze nimmt man als Geschützbronze (10% Sn), für Teile mit großem Reibungsdruck, für Drähte, Bleche und Armaturen. Rotguß wird verarbeitet zu Rohrleitungsteilen, Eisenbahn- und Maschinenarmaturen, Flanschen, Buchsen und Lagerschalen. Die zinnfreien Bleibronzen dienen heute als Lagermetalle. Der Bleianteil in diesen setzt sich in rundlichen Einschlüssen ab und ergibt bei Unterbrechung des Ölfilms durch Schmierwirkung gute Notlaufeigenschaft und verhindert somit ein Festfressen des Zapfens in der Lagerschale.

Messing. Bei den als Messing bezeichneten Kupfer-Zink-Legierungen nimmt man im allgemeinen den Zinkanteil nicht höher als 46%. Höherer Zinkgehalt verschlechtert die Festigkeit und ergibt zu große Sprödigkeit. Sind im Messing weitere Zusätze an Mangan, Aluminium, Eisen usw. vorhanden, so gehören diese Legierungen zu den Sondermessingen.

DIN 1709 unterscheidet bei Messing Guß- und Knetlegierungen. Die Normabkürzung Ms 60 bedeutet Messing mit 60% Cu. Die leicht verformbaren Messingsorten, wie sie für Gehäuse und Armaturen gebraucht werden, enthalten höchstens 32% Zink. Höheren Zinkgehalt weisen die härteren und festeren Messinglegierungen auf wie Sondermessing A und B für Beschlagteile, Buchsen, Pumpen, Schiffsschrauben und wasserbeständige Gußteile, oder Hart- und Schmiedemessing (Muntzmetall) für Schrauben, Schloßteile, im Schiffbau für Kondensatorplatten, Vorwärmer- und Kühlerrohre. Aus Messing stellt man Patronenhülsen, Kartuschhülsen und Zünder her. Die mit zunehmendem Kupfergehalt mehr rötlich erscheinenden Messinglegierungen nennt man Tombak. Der goldgelbe Mittelrottombak (85% Kupfer) findet im Kunstgewerbe für Schmucksachen Verarbeitung.

Zu den Messinglegierungen gehört auch die sog. Manganbronze. Sie enthält außer Kupfer und Zink noch kleine Mangananteile (bis 0,5%), die beim Schmelzen desoxydierend wirken. Diese Legierung ist schmiedbar und zeigt gute Warmfestigkeit.

Hartlote mit Schmelzpunkten zwischen 820 und 875° sind Kupferlegierungen mit 58—46% Zn. Silberlote enthalten außer Kupfer und Zink noch Silber. Sie schmelzen zwischen 720 und 855°.

Messing besitzt im allgemeinen nur bis 200° Warmfestigkeit. Festigkeit und Zähigkeit können durch Eisen-, Blei- und Nickelzusatz verbessert werden. Die Korrosionsbeständigkeit des Kupfers bleibt beim Messing erhalten.

Zink.

Das wichtigste Zinkerz ist die Zinkblende ZnS, daneben wird noch Zinkspat (Galmei) $ZnCO_3$ verhüttet. Beide Mineralien findet man auch in Deutschland (Oberschlesien).

Zur Zinkgewinnung werden Sulfide wie Karbonate erst in Oxyde übergeführt. Bei der Zinkblende entfernt man durch Abrösten den Schwefel, der zu Schwefelsäure weiter verarbeitet wird. Die Vorbehandlung des Zinkspates verhindert den zu schnellen und damit schlechten Verlauf der anschließenden Reduktion.

Die Reduktion des Zinkoxydes: $ZnO + CO = Zn + CO_2$, geschieht in geschlossenen Muffelöfen (Destillationsgefäße aus bestem feuerfesten Ton), da bei einer Temperatur von 950—1100°, über der Siedetemperatur (907°) des Zinks, das Metall in Dampfform anfällt.

Das etwa 2% Verunreinigungen enthaltende Rohzink wird durch Umschmelzen im Flammofen zu Raffinadezink mit 99% Zn verbessert. Feinzink stellt man auf nassem Wege her. Man laugt die abgeröstete Zinkblende mit verdünnter Schwefelsäure aus und bekommt durch Elektrolyse des Zinksulfats ein Elektrolytzink mit 99,99% Zn, wie es für gute Zinklegierungen benötigt wird.

Gegossenes Zink ist grobkristallin und spröde mit der geringen Festigkeit von nur 2—3 kg/mm². Preß- und Walzzink hat feineres Gefüge und damit höhere Festigkeit (bis 25 kg/mm²). Aber schon bei einer Temperatur von 100° hat dieses Zink nur noch 13 kg/mm² Festigkeit, die mit steigender Temperatur weiter absinkt. Der Austausch von Kupfer durch Zink bei Führungsringen und Zündern ist deshalb unzureichend.

An der Luft überzieht sich Zink mit einer schützenden basischen Zinkkarbonatschicht. Verzinktes Eisenblech korrodiert nicht durch Luft und Wasser. Säuren und Alkalien greifen Zink an.

Zink braucht man als wichtigen Legierungspartner zur Fabrikation wasserbeständiger Rinnen, Röhren, Platten, als Zinkplatten für galvanische Elemente und in der Verbindung ZnO (Zinkweiß) für die sog. Zinkfarben.

Legierungen des Zinks mit kleinen Mengen von Aluminium und Kupfer sind heute wertvolle Austauschstoffe für Messing.

Zinn und Blei.

Zinn. Aus dem vorwiegend in Malaya und Ostindien gefundenen Zinnstein SnO_2 wird Zinn durch Reduktion mit Kohle gewonnen:

$$SnO_2 + C = Sn + CO_2.$$

Die mitgeführten Verunreinigungen des Zinnsteins erfordern vorher eine nasse, säubernde Aufbereitung und anschließendes Rösten zur Beseitigung der Eisen- und Kupfersulfide.

Das Rohzinn mit etwa 97% Zinngehalt wird durch Seigern und Polen raffiniert. Beim Seigern erhitzt man das Werkzinn in Flammenöfen nur wenig über seinen Schmelzpunkt. Dabei läuft das Zinn ab und die schwerer schmelzenden Zn-Fe und Zn-Cu-Legierungen setzen sich als sog. Seigerdörner ab. Beim folgenden Polen üben grüne Holzstangen eine oxydierende Reinigung auf das in Eisenkesseln erhitzte Metall aus.

Durch elektrolytische Raffination erreicht man Zinn mit einen Reinheitsgrad von 99,9%. DIN 1704 hat die gebräuchlichen Zinnsorten genormt.

Zinn kommt in der weißen und grauen Modifikation vor. Aus dem silberweißen Metall kann unterhalb 18° das pulverförmige graue Zinn entstehen. Bei $-20°$ verbreitet sich die Umwandlung (Zinnpest) sehr schnell.

Zinn ist gut gießbar, gegenüber Luft beständig und leicht zu bearbeiten durch Klopfen und Hämmern. Zerreißfestigkeit 3,5—4 kg/mm² je nach dem Reinheitsgrad, Bruchdehnung bis 40%.

Verwendung findet Zinn als Überzug von Eisenblech (Weißblech), als Metallfolien (Stanniol) und in Legierungen mit Blei für Lagermetall und Lote. Den Zinnüberzug von Weißblech kann man durch Chlorgas unter Bildung von flüchtigem $SnCl_2$ zurückgewinnen.

Zinn ist heute ein Sparstoff erster Ordnung. Ersatz kann teilweise Blei sein.

Blei. Das schwerste Metall der technischen Werkstoffe gewinnt man hauptsächlich aus Bleiglanz PbS. In Deutschland wird dieses Erz im Harz und in Oberschlesien gefunden. In geringerem Umfang verhüttet man auch Weißbleierz $PbCO_3$.

Der Bleiglanz wird nach dem Röstreduktionsverfahren verarbeitet. Durch Oxydation entsteht PbO, das man durch CO zu metallischem Blei reduziert. Die dann im Werkblei mit 95—99,5% Pb enthaltenen Mengen an As, Sb, Sn, Cu werden durch Seigern herausgeholt. Durch weitere Raffination nach dem Parkesverfahren gewinnt man noch Silber aus dem Werkblei. Zu diesem Zweck gibt man dem flüssigen Blei etwa 1% Zn zu, das mit Silber eine Legierung bildet, und als Zinkschwamm aufschwimmt. Der nicht verbrauchte Zinkzusatz kann durch Einblasen von Wasserdampf wieder herausgeholt werden. Das entstehende ZnO wird abgeschöpft.

Das durch Raffination hergestellte Weichblei hat einen Reinheitsgrad von 99,99%. Blei ist sehr weich, läßt sich zu Blechen walzen oder Röhren ziehen. Die Dehnung beträgt bis 50%, während die Festigkeitswerte unter 1,8 kg/mm² bleiben. Sein Schmelzpunkt liegt bei nur $327°$. Es wird deshalb gern als Partner für leicht schmelzende Legierungen genommen. Mit Ausnahme von Essigsäure greifen Säuren und Wasser das Blei nicht an, da die Bildung von unlöslichen Bleisalzen schützend wirkt. Blei verwendet man für Wasserrohre, in der chemischen Industrie als säurebeständiges Material, in der Elektrotechnik für Akkuplatten und als Mantelstoff für Kabel, beim Maschinenbau zu Dichtungsringen und schließlich in der Geschoßfabrikation.

Weißmetalle. Die beiden weichen Metalle Blei und Zinn geben den Weißmetall-Legierungen ihr Gepräge. Als Lagerausguß haben die hochprozentigen Zinnlegierungen große technische Bedeutung. Trotz guten Verformungswiderstandes besitzen sie ausgezeichnete Gleitfähigkeit. Hochbeanspruchte Lager haben 80—90% Sn, 3—10% Cu und 3—12% Sb. In DIN 1703 sind diese Legierungen genormt. WM 80 ist die Normabkürzung einer Weißmetallegierung mit 80% Sn. In den zinnarmen oder Ersatzlegierungen für Gleitlager und Gleitflächen nehmen Blei, Antimon und Kadmium die Stelle des Zinn ein (DIN 1703 U). Durch Beitritt von Antimon als Legierungspartner werden Dünnflüssigkeit und Härte (Bildung harter Tragekristalle) der Blei-Zinn-Legierung verbessert.

Die Weichlote enthalten neben Blei und Zinn noch Wismut und Kadmium, um einen möglichst niedrigen Schmelzpunkt zu bekommen (Rose-Metall F. P. 94°, Lipowitz-Metall F. P. 70°, Wood-Metall F. P. 60°). Lötzinn ist auch eine Blei-Zinn-Legierung, eingeteilt nach DIN 1707.

Nickel.

Aus den in Kanada geförderten nickel- und kupferhaltigen Magnetkiesen stammt 90% der Weltproduktion an Nickel. Außerdem verarbeitet man den in Neukaledonien gefundene Garnierit $NiO \cdot MgO$ $SiO_2 \cdot H_2O$. In Schlesien hat Deutschland ein kleines Vorkommen dieses Erzes.

Da fast alle Nickelerze arm an Nickel (1—10%) sind, wird vor der Verhüttung durch Schwimmaufbereitung (Flotation) die Gangart beseitigt. Man rührt den feingemahlenen Kies in einer Wasser-Öl-Mischung auf. Dabei werden nur die Erzteile vom Öl benetzt und schwimmfähig gemacht. Das Gestein setzt sich nach dem Umrühren auf dem Boden ab. Die Nickelkieserze werden geröstet und auf Nickelstein mit 40% Nickel verschmolzen. Diesen verbläst man ebenso wie Garnierit im Konverter. Die anschließende Raffination durch oxydierendes Schmelzen oder durch Elektrolyse erzeugt dann Nickelsorten, die nach DIN 1701 eingeteilt sind. Das Elektrolytnickel muß mindestens 99,5% Nickel enthalten.

Nickel, mit seinem hohen Schmelzpunkt bei 1450°, ist hart, gut dehnbar (bis 32%), von großer Festigkeit (40 kg/mm^2), recht korrosions- und hitzebeständig (bis 800°). Verwendung findet Nickel zur Herstellung von Nickelstahl und anderen Legierungen sowie zur Vernickelung leicht korrodierender Metalle.

Zusammensetzung wichtiger Nichteisenschwermetall-Legierungen.

Legierung	Cu %	Zn %	Sn %	Pb %	Sb %	Ni %	Rest
Blattgold	77—85	23—15	—	—	—	—	—
Britanniametall (Kaiserzinn) . .	6—1	—	80—94	—	16—4	—	—
Deltametall . . .	54—58	39—42	—	2	—	—	Fe u. Mn
Geschützbronze . .	88—93	—	12—7	—	—	—	—
Glockenbronze . .	75—80	—	25—20	—	—	—	—
Hartblei	—	—	—	80—97	20—3	—	—
Hartlot	40—60	60—40	—	—	—	—	—
Konstantan . . .	60	—	—	—	—	40	—
Kunstbronze . . .	80—90	10—1	8—3	3—1	—	—	—
Lagermetalle . . .	8—1	—	80—5	2—80	10—15	—	—
Letternmetall. . .	—	——	7—2	70—75	23—20	—	—
Lötzinn (Weichlot)	—	—	64	36	—	—	—
Lurgimetall . . .	—	—	—	96,5	—	—	Ba, Ca, Na
Manganin	82,1	—	—	—	—	2,3	Mn
Messing (Gelbguß).	55—80	45—20	—	—	—	—	—
Monelmetall . . .	30—27	—	—	—	—	67—68	Fe und Mn
Neusilber (Alpaka)	60	40	—	—	—	—	—
Muntzmetall . . .	50—55	30—25	—	—	—	22—18	—
Nickelin	56	13	—	—	—	31	—
Phosphorbronze. .	80—90	—	20—10	—	—	—	—
Rotguß	75—90	8—1	18—3	8	—	—	—
Silberlot	50—30	46—25	—	—	—	—	4—45% Ag
Tombak	80—92	20—8	—	—	—	—	—
Woodmetall . . .	—	—	13—20	24—37	—	—	35—50 Bi 10% Cd.

Nickellegierungen. Man benutzt Nickel als Legierungspartner zu Kupfer und Zink. Nickel steigert Festigkeit und Korrosionsbeständigkeit der Legierungen. Es übt starke Farbwirkung auf die Legierungen aus. Eisen-Nickel-Legierungen mit 25—27% Ni sind unmagnetisch und werden in der Elektrotechnik verwandt. Die in Amerika direkt aus den Nickelerzen hergestellte Naturlegierung Monelmetall enthält etwa 30% Kupfer. Sie besitzt ausgezeichnete mechanische Eigenschaften neben Beständigkeit gegen Säuren und Laugen. Ihre Zähigkeit ist besser als die von Stahl. Monelmetall ist ein begehrter Werkstoff im Turbinenbau. Aus den als Neusilber bezeichneten Kupfer-Nickel-Zink-Legierungen stellt man Bestecke (Alpaka) und elektrische Widerstände her (Nickelin, Konstantan).

Die Ni-Stähle finden in der Geschütz- und Panzerherstellung weitgehende Verwendung.

Aluminium.

Die Leichtmetalle haben mit der Entwicklung der Luftfahrtindustrie, des Leichtfahrzeugbaues und im Austausch für Schwermetalle eine gewaltige technische Bedeutung erlangt. Denn an Härte und Festigkeit stehen die Aluminiumlegierungen den Schwermetallen mit Ausnahme von Stahl keineswegs nach.

Erst Wöhler gelang es vor 100 Jahren Aluminium zu gewinnen, obwohl die Erdrinde etwa 7,9% Aluminium und nur 4,5% Eisen enthält. Sein Preis ist von 2400 Mk/kg (1860) heute auf etwa 1,3 Mk/kg gefallen. In Volumeneinheiten gemessen beträgt heute der Aluminiumanteil 23% des Metallverbrauches der Welt.

Ausgangsstoff für die Aluminiumgewinnung ist das Mineral Bauxit mit ungefähr 55—75% Tonerde Al_2O_3, bis 28% Fe_2O_3, 12—30% H_2O und 4% Kieselsäure. Man findet den Bauxit in Frankreich (Beaux), Dalmatien, Ungarn, Rußland, USA., Guayana und Billiton. Deutschland muß für seine große Aluminiumindustrie das Mineral einführen. Man versucht neuerdings den Ton (Aluminiumsilikat), der in Deutschland in genügender Menge zur Verfügung steht, zur Aluminiumgewinnung heranzuziehen. Das Aluminium wird hierbei durch Behandlung mit Salpetersäure als Nitrat herausgeholt. Aber dieses Verfahren ist wegen des hohen Silikatgehaltes noch nicht wirtschaftlich. Das heute zur Aluminiumgewinnung angewandte Bayer-Verfahren zerfällt in die beiden Stufen: Isolierung der Tonerde aus dem Bauxit und Reduktion der Tonerde durch Elektrolyse.

Zur Durchführung dieses Verfahrens, das Abb. 7 schematisch darstellt, sei noch folgendes bemerkt. Im Drehrohrtrockenofen entfernt man Wasser (Kalzination) und organische Substanzen des Bauxit, damit in den anschließenden Autoklaven durch die vorher beigemischte Natronlauge das Herauslösen der Tonerde in Form von Natriumaluminatlauge besser vor sich geht. Die Bildung dieses Aluminates erfolgt nach der Gleichung:

$$Al_2O_3 + 2\,NaOH = Na_2Al_2O_4 + H_2O.$$

Druck- und Temperaturerhöhung begünstigen das Auflösen der Tonerde. Die durch Filterpressen geklärte Aluminatlauge wird in dem Zersetzer durch Zusatz von reinem Al_2O_3 wieder in Natronlauge und Tonerde zerlegt. Zur Erleichterung der Schmelzflußelektrolyse des getrockneten Al_2O_3 gibt man als Flußmittel Kryolith $AlF_3 \cdot 3\,NaF$ zu. Diese Mischung schmilzt schon bei 950°, während das reine

Al$_2$O$_3$ erst bei etwa 2000° flüssig wird. Den Kryolith stellt man synthetisch her. Er wird bei der Elektrolyse nicht verbraucht. Die mit Kohle ausgekleideten Elektrolytwannen dienen als Kathode, während die senkrecht eintauchenden Kohleelektroden Anode sind. Die Elektrolyse findet bei 5—6 V Spannung und 10—30000 Amp. Belastung statt: Das Aluminium scheidet sich auf dem Boden der Wanne ab und kann von hier laufend entnommen werden. An der Anodenkohle verbrennt der aus Al$_2$O$_3$ freiwerdende Sauerstoff zu CO$_2$.

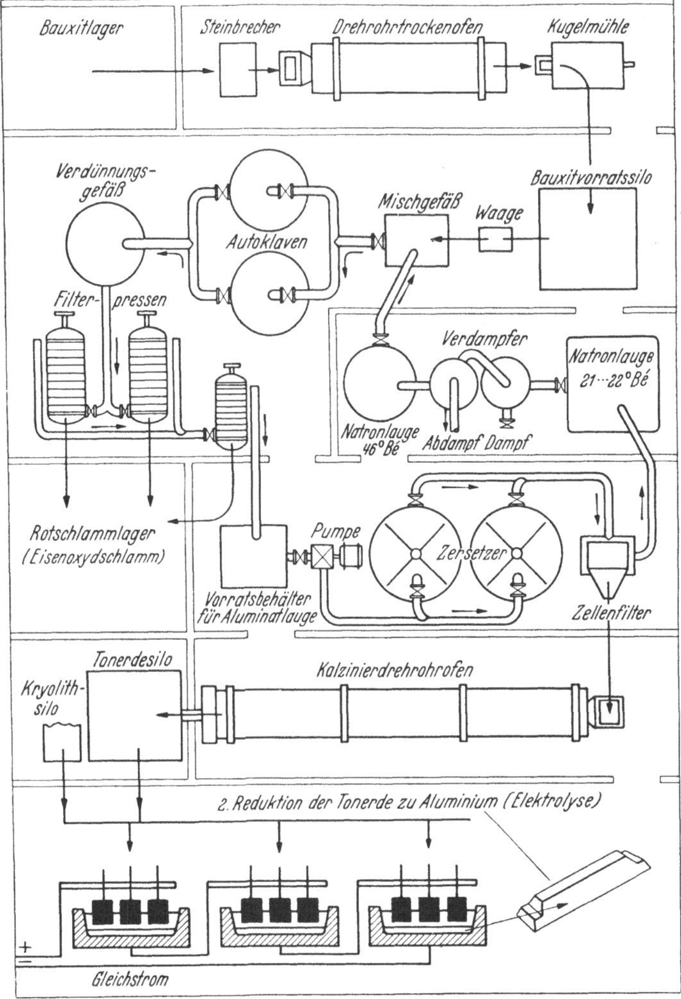

Abb. 7. Schematische Darstellung der Aluminiumgewinnung nach Bayer. (Aluminium-Taschenbuch 1937.)

Aus 4 t Bauxit erzeugt man 2 t Tonerde, die 1 t Aluminium unter Aufwendung von rd. 20000 kWh ergeben.

Nach dem Umschmelzen im Flammenofen gießt man das Aluminium in Blöcken. Das handelsübliche Hüttenaluminium teilt man nach DIN 1712 in drei Sorten mit Reinheitsgehalten von 99, 99,5 und 99,7% ein.

Neben der kleinen Wichte von nur 2,7 zeichnet sich das Aluminium durch gute elektrische Leitfähigkeit, Verformbarkeit und chemische Beständigkeit aus. Diese drei Eigenschaften nehmen mit dem Reinheitsgrad zu. Zwar beträgt der elektrische Leitfähigkeitswert beim Aluminium nur 36 m/Ωmm^2 gegen 56 m/Ωmm^2 beim Kupfer. Aber bezogen auf das Gewicht des gleich wirksamen Querschnittes ist das Aluminium ein zweimal besserer Leiter. Das Aluminium wird deshalb in der Elektroindustrie als wertvoller Austauschstoff für Kupfer benutzt. Die Dehnung von 25—35% im gewalzten Zustand ermöglicht die leichte Verarbeitung von Aluminium zu Röhren, für Folien als Ersatz für Zinn, für Geschirr usw.; als nicht entflammbares Isolationsmittel in Zwischenwände benutzt man im Schiffbau zerknitterte Aluminiumfolien. Die Korrosionsbeständigkeit des Reinaluminiums ist für die chemische Industrie wertvoll. Sie ermöglicht durch Plattieren die festeren und härteren Aluminiumlegierungen gegen chemische Einflüsse zu sichern.

In der Kriegstechnik benutzt man die große Verbrennungswärme des Aluminiums von 7000 kcal/kg für Sprengstoffkombinationen und in den Füllungen der Brandbomben (Thermit). Der Thermit, ein Gemisch von Eisenoxyd und Aluminiumpulver erzeugt beim Abbrennen Temperaturen von 3000°. Dieses aluminiothermische Verfahren dient für die Herstellung kohlenstofffreier Metalle bzw. Legierungen und zur Thermitschweißung.

Das Schweißen von Aluminium und seiner Legierungen bereitet Schwierigkeiten infolge der guten Wärmeleitfähigkeit und der Bildung des schwer reduzierbaren Aluminiumoxydes. Durch geeignete Schweißpulver ist das letztere Hemmnis überwunden. Es ist nur unbedingt nötig, nachher die Flußmittelreste völlig zu beseitigen, damit an der Schweißstelle erhöhte Korrosion vermieden wird.

Aluminiumlegierungen. Das reine Aluminium mit einer Festigkeit von nur durchschnittlich 10 kg/mm^2 wird erst ein brauchbarer Werkstoff durch Legieren mit anderen Metallen. Als Legierungspartner zum Aluminium nimmt man hauptsächlich Kupfer, Silizium, Mangan, Magnesium, Zink, daneben in kleinsten Mengen Nickel, Chrom und Wismut. Die an sich wenigen Prozente solcher Metalle verbessern die Festigkeit und Härte erheblich, dagegen werden das Dehnungsvermögen und teilweise auch der Korrosionswiderstand des reinen Aluminium verschlechtert. Bei hochwertigen Al-Legierungen beträgt die Zugfestigkeit 40—50 kg/mm^2, Streckgrenze 25—30 kg/mm^2, Dehnung 15—20% und Härte 100—130 kg/mm^2. Aluminium bildet mit seinen Legierungspartnern meistens Mischkristalle und bis auf Silizium auch chemische Metallverbindungen. Die kleine Wichte und die vielfach ausreichenden mechanischen Eigenschaften machen die Aluminiummetalle zu brauchbaren Werkstoffen im Verkehrswesen, insbesondere für die Schiff- und Luftfahrzeugbau, daneben auch im Maschinenbau. Durch Warmbehandlung (Altern) einzelner Legierungen lassen sich die mechanischen Eigenschaften weiter wesentlich verbessern.

Aluminium und seine Legierungen lassen sich sowohl mit schwer-

metallhaltigen (Blei, Zinn, Kadmium u. a.) Weichloten wie auch mit Hartloten (überwiegend Aluminium enthaltend) verbinden.

Die Sparmetalle Kupfer, Messing und Bronze versucht man nach Möglichkeit durch Baustoffe auf Aluminiumgrundlage zu ersetzen. Die Festigkeitswerte der Aluminiumlegierungen sind hierfür ausreichend. Nur die Gleiteigenschaft und Dehnungswerte stehen denen der zu ersetzenden Legierungen vielfach nach.

Die Vielfältigkeit der Aluminiumlegierungen hat eine gewisse Ordnung durch die Einteilung nach DIN 1713 gefunden. Man hat sie erst einmal in die beiden großen Gruppen Knet- und Gußlegierungen aufgeteilt und diese dann nach den entwickelten Legierungstypen in Gattungen unterteilt. Außer der Angabe der jeweiligen Legierungsbestandteile findet man in dem Normblatt die mechanischen Eigenschaften Zugfestigkeit, Bruchdehnung und Brinellhärte für weichen, ausgehärteten und kalt verfestigten Zustand sowie kurze Richtlinien für die Verwendung der Aluminiumlegierungen. Neben den durch das Normblatt festgesetzten Kurzzeichen benutzt man noch die von dem Hersteller eingeführten Firmennamen der Legierungen.

In der folgenden Tabelle sind die wichtigsten Gattungen der Knet- und Gußlegierungen des Aluminiums entsprechend der Richtlinien der DIN-Normen zusammengestellt sowie die wesentlichsten Eigenschaften und Anwendungsgebiete genannt.

Für die im Schiffbau zur Anwendung kommenden Aluminiumlegierungen ist noch in Ergänzung der Tabelle einiges hinzuzufügen. Die Legierungen der Al-Cu-Mg-Gattung, wie Duralumin und Bondur, sind zwar für hochbeanspruchte Konstruktionen im Flugzeug- und Fahrgestellbau ausgezeichnet, können aber wegen ihres geringen Korrosionswiderstandes im Schiffbau nur in plattiertem Zustand angewandt werden. Als vorteilhaft zeigt sich da, daß Kanten, Nietspalten und andere Stellen, wo die Plattierung verletzt oder nicht vorhanden ist, keine Quellen für erhöhte Korrosion sind. Die Plattierungsschicht gewährt etwa denselben Schutz wie die Verzinkung beim Eisen.

Die Legierungen der Al-Cu-Gattung, wie z. B. Lautal, bieten ebenfalls keinen Widerstand gegen Seewasserkorrosion.

Die verhältnismäßig gut korrosionsfesten Al-Mg-Si-Legierungen sind auch vergütbar und finden Verarbeitung bei Gegenständen, für die die Festigkeitswerte des Reinaluminiums nicht ausreichen, wie Beschläge, Platten und Bedarfsartikel.

Der wichtigste Vertreter des Al-Mg-Typs, BS-Seewasser, vereinigt ausgezeichnete Korrosionsbeständigkeit gegen Seewasser mit guten Festigkeitseigenschaften. Diese Legierungen bedürfen keiner thermischen Veredlung.

Die gleiche Seewasserbeständigkeit besitzt KS-Seewasser, eine Legierung der Al-Mg-Mn-Gattung. Sie zeichnet sich außerdem durch Warmfestigkeit bis 300° und hohe Dauerfestigkeit aus und findet Verwendung im Schiffbau für Verkleidungen, Fenster, Armaturen u. ä.

Die Al-Mn-Legierungen, wie z. B. Mangal, weisen dieselbe Korrosionsbeständigkeit, aber 20% größere Festigkeit als Reinaluminium auf, so daß sie als Werkstoff für Möbel, Verkleidungen, Schotte und Lüftungskanäle im Schiffbau genommen werden können.

Neben BS- und KS-Seewasser kommt als Aluminiumgußlegierung für den Schiffbau das Silumin vom Al-Si-Typ in Frage. Sie ist mit 13% Silizium eine eutektische Legierung und eignet sich für schwierige Gußstücke. Um durch möglichst gute Feinkörnigkeit hohe Festigkeit zu erzielen, wird das Silumin beim Guß durch geringen Natriumzusatz veredelt. Die Legierung ist leichter (Wichte 2,4) als Reinaluminium, nicht warmbrüchig und zeigt nur geringes Schwinden beim Guß.

Die vergütbaren Gußlegierungen „Deutsche Legierung" und „Amerikanische Legierung" sind für die Zwecke des Schiffbaues nicht geeignet, da sie infolge ihrer Kupferkomponente nicht korrosionsbeständig gegen Seewassereinfluß sind.

Zusammenstellung technisch wichtiger Aluminiumlegierungen.

Gattung nach DIN 1713	Beispiele für Fabrikbezeichnungen	Zugfestigkeit kg/mm²	Bruchdehnung %	Brinellhärte kg/mm²	Besondere Eigenschaften und Verwendung
I. Knetlegierungen.		[1])	[1])	[1])	
Al-Cu-Mg . .	Duralumin, Bondur, Aludur	16–58	15–5	120–150	Stahlfestes Konstruktionsmaterial, vergütbar; für mechanisch hochbeanspruchte Teile im Luft-Transportwesen aller Art geeignet.
Al-Cu-Ni . .	Y-Legierung, Duralumin W	16–42	25–8	100–120	Besonders für hochbeanspruchte, warmfeste Teile (Zylinderkolben); aushärtbar.
Al-Cu. . . .	Lautal, Allautal (plattiert)	16–50	25–2	50–140	Vergütbar, mit hohen Festigkeitswerten. Anwendung im Maschinenbau.
Al-Mg-Si . .	Pantal, Aldrey	11–42	27–2	30–120	Aushärtbar, bei mittlerer Festigkeit und günstiger chemischer Widerstandsstandsfähigkeit weites Anwendungsgebiet im Fahrzeugbau, Schiffbau, Armaturen, Preß- und Schmiedeteile, Verkleidungen und Beschläge, als Kupferersatz im elektrischen Fernleitungsbau $\left(\text{Leitfähig-}\ 30\ \dfrac{\mathrm{m}}{\Omega\,\mathrm{mm}^2}\right)$.
Al-Mg . . .	BS-Seewasser, Hydronalium	19–46	26–8	95–110	Korrosionsbeständig gegen Seewasser bei guten Festigkeitswerten. Verwendung im Fahrzeugbau, für Land- und Seeflugzeuge.

[1] Für weichen bis ausgehärteten Zustand.

Gattung nach DIN 1713	Beispiele für Fabrikbezeichnungen	Zugfestigkeit kg/mm²	Bruchdehnung %	Brinellhärte kg/mm²	Besondere Eigenschaften und Verwendung
Al-Mg-Mn . .	KS-Seewasser	16–38 [1]	25–2 [1]	50– 90 [1]	Beständig gegen Seewasser, geeignet für Verkleidung im Land- und Seefahrzeugbau.
Al-Si	Silumin	12–25	25–2	40– 80	Wegen guter Korrosionsbeständigkeit Anwendung im Bau chemischer Apparate.
Al-Mn . . .	Mangal	10–25	25–2	40– 80	Korrosionsfest wie Reinaluminium, aber bessere Festigkeitseigenschaften.
II. Gußlegierungen.		*verschieden nach dem Gußverfahren*			
G Al-Cu. . .	Amerik. Legierung	12–20	4–0,5	60–100	Warmfest, für allgemeine Gußteile.
G Al-Zn-Cu .	DeutscheLegierung	12–20	4–0,5	60–100	Gute Gießfähigkeit, hohe Dauerfestigkeit, Verwendung für Gehäuse von Dieselmotoren, Kurbeltrieb, Steuerung und Maschinenteile.
G Al-Si . . .	Silumin	17–26	8–3	50– 80	Eutektische Legierung mit ausgezeichneten Gießeigenschaften für spannungsfreien Guß, auch für komplizierte Gußteile, gut schweißbar.
G Al-Si-Mg .	Silumin-Beta	25–32	4–0,7	80–110	Vergütbar, gute mechanische Eigenschaften auch bei Wechselbeanspruchung, für hochwertige Maschinen- und Motorenteile.
G Al-Mg. . .	KS-Seewasser, BS-Seewasser, Hydronalium	14–28	8–15	40– 90	Verwendung bei mittleren Festigkeitsanforderungen und Witterungs-, Seewasser- oder Lufteinfluß.
G Al-Mg-Si	Pantal 5	13–20	3–5	60–100	Vergütungsfähig, mittlere Festigkeit und korrosionsbeständig, für Beschläge, Armaturen und Gußteile in der chemischen Industrie.

Magnesium.

Ungefähr 75 % der Welterzeugung an Magnesium findet in Deutschland statt. Für die Gewinnung dieses leichtesten technischen Metalls

---

[1] Für weichen bis ausgehärteten Zustand.

(Wichte 1,7) dienen Mineralien, die in Deutschland im größten Umfang zur Verfügung stehen. Diese heimischen Rohstoffe sind Carnallit $MgCl_2 \cdot KCl$, Magnesit $MgCO_3$ und Dolomit $MgCO_3 \cdot CaCO_3$. Die Gewinnung des Magnesiums geschieht durch die von der I. G. Bitterfeld ausgearbeitete Schmelzelektrolyse des wasserfreien $MgCl_2$. Während man anfangs $MgCl_2$ aus Carnallit gewann, ist man in letzter Zeit dazu übergegangen, das Magnesiumoxyd des Magnesit nach der folgenden Reaktion direkt in wasserfreies $MgCl_2$ umzuwandeln:

$$MgO + C + Cl_2 = MgCl_2 + CO .$$

Magnesium ist gegenüber Luft durch Bilden einer Oxydschutzschicht beständig. Salzlösungen und Säuren dagegen greifen das Metall unter Wasserstoffentwicklung an, während im Gegensatz zum Aluminium Laugen und nicht saure organische Stoffe nicht korrodierend wirken. Durch Beizen kann die Oberfläche des Magnesiums weiterhin geschützt werden.

Man benutzt Magnesium für pyrotechnische Zwecke (Blitzlicht und Leuchtsätze). Als Konstruktionsmaterial wird das Metall erst brauchbar durch Legieren mit anderen Metallen.

Die maschinelle Bearbeitung von Magnesium erfordert wegen der leichten Entzündlichkeit besondere Sicherheitsmaßnahmen. Das Löschen von entflammten Magnesium kann nicht mit Wasser geschehen (Bildung von Knallgas!). Zur Bekämpfung eines solchen Brandes wendet man trockene Graugußspäne oder trocknen Sand an.

Magnesiumlegierungen. Die Legierungen des Magnesiums mit Aluminium, Zink, Mangan und Silizium nennt man Elektronmetalle oder Magnewine. Der Magnesiumanteil beträgt in diesen Legierungen über 90%. Ähnlich wie bei den Aluminiumlegierungen besteht die Möglichkeit der thermischen Vergütung. Die Legierungszusätze des Magnesiums verbessern die mechanischen Eigenschaften; die Legierungen erreichen zwar nur die Güte von Aluminiumlegierungen mittlerer Festigkeit, aber ihre kleine Wichte von 1,73 bis 1,84 eröffnete den Magnesiummetallen ein mannigfaches Anwendungsgebiet. In Deutschland fördert man die Entwicklung der Elektronmetalle stark, weil Magnesium in genügender Menge im Lande ohne Abhängigkeit vom Ausland hergestellt werden kann. Hinzu kommt noch, daß die maschinelle Verarbeitung dieses Metalles durch leichtes Spanabheben einfacher ist als bei dem Aluminium und seinen Legierungen. Technische Verwendung findet Elektron für Flugzeugteile, im Fahrzeugbau und für Maschinenteile mit lästiger Massenwirkung, wie Kolben hochtouriger Motoren, für tragbare Maschinen, Handgeräte, Lehren, medizinische Apparate, Gehäuse (Ölwannen), optische Geräte. Elektron als Gefäßmaterial von Brandsätzen ergibt eine vollbrandfähige Brandmunition. Die Magnesiumlegierungen zeigen sich gegenüber neutralen und alkalischen Flüssigkeiten korrosionsfest. Man kann sie deshalb bei gleichzeitiger Gewichtsersparnis im Behälterbau

(z. B. Benzintanks) mit Vorteil benutzen. Salze und Säuren vermögen Elektron anzugreifen.

Die gängigen Magnesiumlegierungen sind in DIN 1717 eingeteilt in Knet- und Gußlegierungen, die weiter je nach den Legierungsmetallen in verschiedene Gattungen unterteilt sind. Durch Pressen und Schmieden lassen sich die mechanischen Eigenschaften verbessern. Es stehen Magnesiumgußlegierungen für Sandkokillen und Spritzgußverfahren zur Verfügung. Sie weisen Festigkeitswerte auf wie das Gußeisen. Das Vergießen erfordert Berücksichtigung der großen Affinität des Magnesiums zum Sauerstoff. Zur leichten äußerlichen Unterscheidung der einzelnen Magnesium-Legierungen sind verschiedene Farbzeichen gebräuchlich mit der Grundfarbe gelb.

Zusammenstellung technisch wichtiger Magnesiumlegierungen.

Gattung nach DIN 1717	Beispiele für Fabrikbezeichnungen	Zugfestigkeit kg/mm²	Bruchdehnung %	Brinellhärte kg/mm²	Besondere Eigenschaften und Verwendung
I. Knetlegierungen.		[1]	[1]	[1]	
Mg-Al	AZ 31, AZM, Magnewin 3512	25–42	5–25	53– 95	Leicht verformbar, aushärtbar, für hoch beanspruchte Konstruktionsteile wie Luftschrauben, für Schmiedestücke mit besonderer Härte.
Mg-Mn	AM 503, AM 537	19–28	5–25	39– 46	Korrosionsbeständig gegen alkalische Lösungen, schweißbar, gut verformbar, walz- und ziehbar, für Verkleidungsbleche.
II. Gußlegierungen.		verschieden nach dem Gußverfahren			
G Mg-Al.	A 8, Magnewin 3508	8–27	1–10	52– 70	Geringes Schwindmaß, brauchbar im Kokillen-, Sand- und Spritzguß, ausreichende Festigkeit für stoßbeanspruchte Teile.
G Mg-Al-Zn	AZ 31, A 26	16–20	5–10	47– 58	Gas- und flüssigkeitsdichter Guß, geeignet für warmbeanspruchteTeile, gute Wechselfestigkeit ermöglicht Verwendung im Flugzeug- und Motorenbau.
G Mg-Mn	AM 503	9–11	3–6	30– 39	Als fast eutektische Legierung geeignet für Sand-, Kokillen- und Spritzguß, schweißbar.

[1] Für weichen bis ausgehärteten Zustand.

3. Kunststoffe.

Die Entwicklung der Werkstoffe hat seit dem Weltkrieg eine neue Richtung genommen. Man strebt danach, die Schwermetalle durch andere Materialien zu ersetzen. Als Austauschstoffe kamen zunächst die neuentwickelten Leichtmetall-Legierungen in Frage. Wenn diese auch erhebliche Gewichtsersparnisse erzielen lassen und gegenüber den früher benutzten Metallen zum Teil ebenbürtige Eigenschaften aufweisen, so fanden doch technische Gesichtspunkte wie Korrosionsbeständigkeit und Massenfabrikation oder chemisch-wirtschaftspolitische Momente durch den Austausch mit Leichtmetallen vielfach noch keine befriedigende Lösung.

Die hochentwickelte organische Chemie zeigte eine neue Austauschmöglichkeit für die Werkstoffe. Man versuchte aus den organischen Grundelementen Kohlenstoff, Wasserstoff, Sauerstoff und Stickstoff brauchbare Werkstoffe aufzubauen. Anfänglich griff man auf Naturprodukte zurück, die schon Verbindungen solcher Elemente sind. Es galt dann nur, diese Naturstoffe durch chemische Prozesse in geeignete organische Werkstoffe umzuwandeln. Als solche von Naturprodukten abgewandelte Stoffe sind die Zellulose- und Eiweißabkömmlinge zu nennen. Nachdem sich dieser Weg der organischen Chemie erfolgreich erwiesen hatte, war es naheliegend, auch in der Werkstofferzeugung der modernen Chemietechnik zu folgen und durch Polymerisation oder Kondensation von einfachen Kohlenstoffverbindungen neue Stoffe aufzubauen, die den geforderten Werkstoffeigenschaften genügen. Entsprechend der Vielfältigkeit organischer Verbindungsmöglichkeiten hat das Gebiet der Kunststoffe einen ungeheuren Umfang angenommen. Es sollen hier nur die wichtigsten Produkte, die auch als Austausch für Metalle in Frage kommen, behandelt werden. Man teilt die Kunststoffe je nach ihren Ausgangsprodukten und Herstellungsverfahren ein:

a) Zellulose- bzw. Eiweißprodukte,
b) Polymerisate,
c) Kondensationsprodukte.

Neben den Aufbaumaterialien verwendet man zur Herstellung der Kunststoffe noch Füllstoffe wie Holzmehl, Gewebefasern, Asbest oder mineralische Stoffe. Je nach der Verteilung der Füllstoffe in den Kunststoffen erhält man ungeschichtete oder geschichtete Werkstoffe. Einzelne Kunststoffe lassen sich durch Wärme- und Druckeinwirkung härten. Sie besitzen dann bessere Wärme- und Korrosionsbeständigkeit.

Bei guten Bearbeitungsmöglichkeiten weisen die Kunststoffe für viele technische Zwecke ausreichende mechanische Eigenschaften auf. Hauptsächlich interessieren bei den Kunststoffverwendungsmöglichkeiten Angaben über Zug-, Biege-, Schlag- und Wärmefestigkeit. Die mechanischen Festigkeitswerte werden im Gegensatz zu den Metallen hier in kg/cm^2 genannt. Die Wärmefestigkeit besagt, bis zu welcher Temperatur bei hoher Biegebeanspruchung ($50 \, kg/cm^2$) der Prüfkörper eine bestimmte Verformung erhält. Diese Temperaturgrenze liegt bei den Kunststoffen je nach der Zusammensetzung zwischen 60 und 160°.

Gegenüber den Schwermetallen haben die Kunststoffe den Vorteil der kleinen Wichte. Sie sind vielfach leichter als Magnesiumlegierungen. Als besondere Eigenschaft mancher Kunststoffe sei noch die Durchsichtigkeit erwähnt.

Zellulose- und Eiweißprodukte.

Ausgangsmaterial für die abzuwandelnden Kohlenstoffverbindungen sind Holz und Magermilch. Beide Naturprodukte liefern Riesenmoleküle, die durch chemische Umsetzung zu Kunststoffen verarbeitet werden.

Vulkanfiber. Aus Holz löst man durch Behandlung mit Sulfiten die Zellulose heraus. Um die faserige Zellulose zu verformen, läßt man sie durch Einwirkung von konzentrierter Zinkchloridlösung aufquellen. Nach dem Auswaschen des hier nicht strukturändernden Chemikals, preßt man die Hydratzellulose zu Platten mit anschließendem Trocknen. Die auf diesem Wege hergestellte Vulkanfiber ist ein Werkstoff mit guten Festigkeitseigenschaften. Ihre Herstellung ist langwierig (Plattenstärke von 20 mm in etwa 10 Monaten). Sie ist sehr zäh, dicht und unempfindlich gegen Öl und Benzin. In Wasser quillt der Stoff stark. Man verwendet ihn für hochbelastete Teile, wie Dichtungsscheiben oder Ringe, stoßfeste Behälter und Röhren.

Zelluloseester. Schaltet man eine chemische Umsetzung der Zellulose vor, so erhält man Zellulose-Derivat-Kunststoffe. Die Zellulose läßt sich als Alkoholverbindung durch Säuren verestern. Behandelt man Zellulose mit einem Gemisch von Salpeter- und Schwefelsäure, so erhält man Zellulosenitrat. Weniger hoch nitrierte Zellulose dient als „Lackwolle" zur Herstellung der im Fahrzeugbau weit verbreiteten Nitrolacke. Knetet man Zellulosenitrat mit Kampfer, der als Weichmacher dient, so erhält man nach dem Trocknen eine hornartige, durchsichtige und in der Wärme gut formbare Masse, das Zelluloid. Es wird sowohl im Fahrzeug- und Apparatebau, als auch für Haushalts- und Toilettegegenstände, sowie für photographische Artikel gerne verwendet. Ungünstig ist seine geringe Wärmefestigkeit und leichte Entflammbarkeit.

Nach dem Kriege 1914/18 mußte für die großen Vorräte an Schießbaumwolle eine andere Verwendung gefunden werden. Sie wurde mit Gelatiniermitteln und Gips (zur Verminderung der Entflammbarkeit) verknetet und kam als neuer Kunststoff unter dem Namen Trolit F in den Handel. Die Masse ließ sich gut zu Platten und Röhren verpressen und auch mechanisch bearbeiten, sie wird aber jetzt nicht mehr hergestellt.

Auch die Verbindungen der Zellulose mit Essigsäure oder mit Benzylchlorid sind für die Kunststoffindustrie wichtig. Azetylzellulose wird mit Zusätzen, die ihre chemische Beständigkeit erhöhen, auf heißen Walzen geknetet und unter dem Handelsnamen Trolit W als Spritzgußmasse verarbeitet. In Form von durchsichtigen Folien verwendet es der Fahrzeugbauer unter dem Namen Cellon für Verdeckfenster und zur Herstellung des splitterfreien Dreischichten-Sicherheitsglases. In der Verpackungsindustrie verdrängt es immer mehr das sog. Silberpapier aus Zinn oder Aluminium. Azetylzellulose ist nicht entflammbar.

Benzylzellulose, Trolit BC, wird ebenfalls im Spritzguß verformt. Sie ist temperaturunempfindlicher als Azetylzellulose, die sich bei Überhitzen unter Abspaltung von Essigsäure zersetzt. Gegenstände aus Trolit BC sind wasserbeständiger als solche aus Trolit W. Beim Spritzguß wird der Kunststoff in einer Kammer auf 120—150° erwärmt und mit hohem Druck in eine gekühlte Form gespritzt, in der er erstarrt.

Kunsthorn. Aus Magermilch gewonnenes Eiweiß wird mit Stoffen, die seine Quellbarkeit beeinflussen, verknetet, gefärbt und verformt. Durch Einlegen in eine Formalinlösung werden die Stücke gehärtet. Nach dem Trocknen ist das Material hart, zähe und elastisch, wird aber beim Erwärmen etwas verformbar. Kunsthorn, am meisten bekannt ist der Handelsname Galalith, läßt sich mechanisch bearbeiten und zu Gegenständen des täglichen Bedarfs verwenden. Nachteilig ist sowohl seine Empfindlichkeit gegen Wasser als auch die lange Herstellungszeit. Zur Fertigung einer Platte von 20 mm Stärke benötigt man über 20 Wochen.

Polymerisate.

Eine Möglichkeit für die Synthese großer Moleküle durch Aneinanderketten vieler kleiner Moleküle bieten einfache Kohlenwasserstoffe vom Typ des Aethylens $H_2C = CH_2$. Verbindungen mit der Vinylgruppe $H_2C = CH —$, wie man sie in:

$$Vinylchlorid\ CH_2 = CH — Cl$$
$$Vinylbenzol\ \ CH_2 = CH — C_6H_5\ (Styrol)$$
$$Vinylcyanid.\ CH_2 = CH — CN\ (Acrylsäurenitril)$$
$$Vinylazetat\ \ CH_2 = CH — O — CO — CH_3$$

findet, lagern sich unter dem Einfluß von Katalysatoren in großer Zahl aneinander an, ohne dabei einen anderen Stoff abzuspalten. Einen solchen Vorgang nennt man Polymerisation.

Da diese Vinylverbindungen letztlich aus den Elementen der Kohle und des Wassers erzeugt werden, sind solche Kunststoffe vollsynthetische Werkstoffe.

Polyvinylchlorid. Durch Behandeln von Acetylen mit Chlorwasserstoff erhält man das Vinylchlorid. Daraus entsteht durch Polymerisation das Polyvinylchlorid (Handelsnamen Igelit, Vinidur, Mipolam). Es wird bei 130—160° verpreßt oder verspritzt. Einzelstücke lassen sich im heißen Luftstrom von 230—260° miteinander verschweißen. Wegen seiner chemischen Beständigkeit, die derjenigen der Sparmetalle überlegen ist, wird Polyvinylchlorid u. a. zur Auskleidung von Chemikalienbehältern, als korrosionsverhindernder Überzug für Wärmeaustauscher, sowie für hygienisch einwandfreie Flüssigkeitsleitungen in der Nahrungsmittelindustrie benutzt. Zu beachten ist dabei, daß es nur in den Temperaturgrenzen von — 10 bis + 60° brauchbar ist.

Polystyrol. Ein weiteres thermoplastisches Polymerisationsprodukt ist das Polystyrol. Sein Baustein ist das Vinylbenzol, welches nur aus Kohlenstoff und Wasserstoff besteht. Als Spritzgußmasse wird es unter dem Namen Trolitul verarbeitet. Seine Beständigkeit gegen Laugen und Säuren ist gut.

Polyacrylsäureester. Der aus Methylacrylsäureester bestehende Kunststoff Plexigum zeichnet sich wie das vorgenannte Polystyrol durch Glasklarheit aus. Der Werkstoff läßt sich genau so wie Mineralglas schleifen und für optische Zwecke verarbeiten. Die Verglasung von Autos und Flugzeugen mit diesem Sicherheitsglas verhindert die gefährliche Splitterbildung beim Bruch. Wegen der guten Stoßfestigkeit und der geringen Wichte von 1,18 benutzt man Plexiglas im Flugzeugbau.

Plexigum findet sowohl als Spritzgußmasse als auch für Kabelmäntel, Lacke und Klebstoffe Verwendung.

Buna. Baustein des in Deutschland hergestellten synthetischen Gummis ist das aus Kohle über das Acetylen gewonnene Butadien:

$$H_2 C = C H - C H = C H_2 \, .$$

Es wird unter der Einwirkung von Natrium polymerisiert und liefert den sog. Zahlenbuna, z. B. Buna 85.

Wichtiger als der Zahlenbuna ist der sog. Buchstabenbuna. Buna S ist ein Mischpolymerisat von Butadien mit dem schon vorher erwähnten Styrol. Aus Buna S sind u. a. die Fahrzeugbereifungen.

Buna N, jetzt durch Perbunan ersetzt, enthält neben Butadien Acrylsäurenitril. Perbunan ist weitgehend öl- und treibstoffest. Als Beispiel für die Anwendungsmöglichkeit von Buna im Schiffbau sei der Ersatz der bisherigen Schiffsbleikabel durch Kabel mit einem Schutzmantel aus einem vulkanisierbaren Buna-Plexigumgemisch erwähnt. Außer der Einsparung des wertvollen Bleis wird eine Gewichtsersparnis von 28—60% je nach Kabeltyp erzielt. Für bewegliche Leitungen wird eine Aderisolation aus Buna S eingesetzt.

Alkylpolysulfide. Einen anderen Aufbau haben die unter dem Namen Perduren oder Thiokol bekannten Stoffe. Sie bestehen aus Alkylpolysulfiden, die bei Einwirkung von Polysulfiden auf Alkylhalogenide gebildet werden. Thiokole sind elastisch, öl- und treibstoffest sowie alterungsbeständig, aber weniger wärmebeständig als Buna. Die vibrationsempfindlichen kupfernen Brennstoffleitungen können durch Schläuche aus Thiokol ersetzt werden.

Sowohl Buna als auch Thiokol sind vulkanisierbar und können nach den in der Gummiindustrie gebräuchlichen Methoden mit Füllstoffen versetzt werden.

Oppanole. Nicht vulkanisierbar sind dagegen die Oppanole, Polymerisate des Isobutylens $H_2 C = C (C H_3)_2$. Oppanol dient u. a. als Isolationsmaterial in der Kabelindustrie, sowie als Austauschstoff für korrosionsfeste Metalle bei der Auskleidung chemischer Apparaturen.

Es läßt sich mit seiner Unterlage verkleben und kann wie Mipolam im heißen Luftstrom geschweißt werden. Sein Anwendungsbereich ist auf Temperaturen zwischen — 80 und + 100° beschränkt.

Kondensationsprodukte.

Unter Kondensation versteht man die Verbindung zweier verschiedener Moleküle miteinander unter gleichzeitiger Abspaltung eines dritten Stoffes, meist Wasser.

Superpolyamide. Als erster Vertreter dieser Gruppe sei als neuer Kunststoff Superpolyamid erwähnt. Unter dem Namen Igamid wird es in verschiedenen Modifikationen geliefert. Es entsteht durch Kondensation von Diaminen mit Dikarbonsäuren. Im Spritzguß bei 230 bis 240° verarbeitet, zeigt das Igamid hochwertige mechanische und elektrische Eigenschaften.

Harnstoffharz-Preßmassen (Aminoplaste). Alle bisher aufgezählten Kunststoffe sind Thermoplasten. Die nun folgenden erweichen zwar zunächst ebenfalls in der Wärme, aber dann gehen sie nach einer gewissen Zeit durch Temperaturerhöhung in einen unschmelzbaren Zustand über (Härtung).

Bei der Kondensation von Harnstoff $CO(NH_2)_2$, der großtechnisch aus Ammoniak und Kohlendioxyd unter Druck gewonnen wird, mit Formalin $HCHO$ unter Einwirkung von Beschleunigern erhält man ein farbloses Harz. Es wird mit Füllstoffen und Farben verknetet und bei 140—160° verpreßt. Harnstoffharz-Preßmassen werden auf der Typisierungsliste als Typ K geführt. Da das Harz lichtecht ist, lassen sich alle hellen Farbtöne dauerhaft herstellen. Preßlinge des Typs K zeigen gute mechanische und elektrische Eigenschaften und werden mit Vorliebe dort angewandt, wo es auf gefälliges Aussehen des Gegenstandes ankommt. Auch für farbige Schutzlackierungen von Metallen sind Harnstoffharze geeignet. Hartpapierplatten mit Beschriftung aus Harnstoffharzen sind als wetterfeste Schilder gut brauchbar.

Phenolharz-Preßmassen (Phenoplaste). Phenol C_6H_5OH und seine Verwandten, werden aus Steinkohlen- und Braunkohlenteer isoliert. Mit Formalin und Beschleunigern kondensiert, ergeben sie ein farbloses bis gelbes, später nachdunkelndes Harz. Mit schwacher Lauge als Katalysator kondensiertes Harz, das sog. Resol, ist in Spiritus löslich, schmilzt in der Wärme, geht aber bei längerem Erhitzen in den unlöslichen und unschmelzbaren Resit-Zustand über. Als Edelkunstharz kommt es in gefärbten und gehärteten Blöcken oder Platten zur Herstellung von Kleingegenständen wie Beschläge, Schmuckstücke und andere Massenartikel zur Verarbeitung. Oder es wird als Preßharz bei 160—170° in Formen gepreßt und neuerdings auch verspritzt.

Mit Resol-Spirituslösungen werden Gewebe- oder Papierbahnen getränkt. Durch Trocknen und Aufeinanderpressen der Bahnen entstehen Hartgewebe- oder Hartpapierplatten, die sich durch besondere Festigkeit auszeichnen. Durch Tränken und Verdichten von Buchenholz mit

Harzlösungen erhält man das Hartholz (Lignostone), ein Ersatz für ausländische Harthölzer. Auch für die tropenfeste Verleimung von Sperrholzfurnieren bewähren sich die Resole, sowie für die Herstellung schlag- und kratzfester Einbrennlacke für den Oberflächenschutz von Metallen.

Findet die Harzbildung dagegen in schwach saurem Medium statt, so erhält man ein auch bei längerem Erwärmen löslich und schmelzbar bleibendes Harz, einen sog. Novolak. Erst beim Zusatz basischer Stoffe und von Formalin geht der Novolak beim Erhitzen in den Resitzustand über. Je nach dem Verwendungszweck werden Novolake mit den verschiedenartigsten Füllstoffen zu Preßmassen verarbeitet, die bei 160 bis 170° in Formen gepreßt oder gespritzt in wenigen Minuten aushärten.

Typenbezeichnungen der Phenolharzpreßmassen.

Typ	Füllstoff	Typ	Füllstoff
11	Gesteinsmehl	Z 1	Zellstoff (Papierflocken)
12	Asbestfaser	Z 2	Papierschnitzel
M	Asbestschnur	Z 3	Papierbahnen
0	Holzmehl		
S	Holzmehl		
T 1	Textilfaser		
T 2	Textilschnitzel		
T 3	Textilgewebebahnen		

Für chemisch und thermisch beanspruchte Preßlinge nimmt man Massen der Typen 11, 12 und M. Für normale Beanspruchungen genügt die leicht formbare Type S (Behälter, Radiogehäuse, Schalter u. dergl.). Mechanisch höher belastete Teile wie Staubsaugergehäuse verfertigt man aus den Typen T und Z. Aus T 2 und T 3 verfertigt man auch mit gutem Erfolg Lagerschalen und geräuscharme Zahnräder. Kleine Dauermagnete aus zerkleinertem Magnetstahl werden mit Kunstharz als Bindemittel gepreßt und haben sich für kleine elektrische Meßgeräte bewährt. Auch Schleifscheiben werden jetzt meist unter Verwendung härtbarer Harze gepreßt.

Im Schiffbau finden die Phenoplaste wegen ihres geringen Gewichtes von etwa 1,4 g/ccm, ihrer Feuersicherheit und ihrer Beständigkeit gegen Seewasser zunehmende Anwendung. Wandverkleidungen werden aus beiderseitig lackierten Hartpapierplatten hergestellt. Scharnierbolzen aus Stahl erhalten einen Schutzüberzug aus Hartgewebe-Rohr. Mundstücke von Sprachrohrleitungen, Entwässerungsschrauben und Peilrohrverschlüsse können aus Z- oder T-Material angefertigt werden. Stevenrohr- und Wellenbocklager aus T 2 benötigen ein Lagerspiel von 3—4⁰/₀₀ des Wellendurchmessers, um ein Klemmen beim Quellen der Lagerschalen zu vermeiden. Kreiselpumpen aus T 2 werden als Seewasserpumpen im deutschen, italienischen und amerikanischen Schiffbau erprobt. Ganze Seewasserventile werden aus T 2 gefertigt. Kollektoren aus Preßstoff mit Glimmerabfällen bringen eine 50%ige Ersparnis an

Glimmer. Sie werden für eine Kollektor-Umlaufgeschwindigkeit bis 25 m/sec zugelassen.

Bei der vielseitigen Verwendungsmöglichkeit der Kunststoffe als Austauschstoffe für Metalle ist zu beachten, daß die mechanischen Eigenschaften sehr stark von der Form und der Verarbeitung der Preßlinge abhängen. Außerdem ist zu berücksichtigen, daß bei Dauerbelastung die Festigkeit, besonders der thermoplastischen Kunststoffe nachläßt. Grund dafür ist eine langsame Formveränderung bei Dauerbeanspruchung, der sog. kalte Fluß. Ferner muß sich die Auswahl des Preßstoffes nach der Art der Form richten. Es ist z. B. sinnlos, den Werkstoff T 3 wegen seiner besonders hohen Festigkeit auszuwählen und diesen teuren, aber schwer formbaren Stoff in eine komplizierte Form zu bringen, in der durch das Fließen der Masse unter dem hohen Preßdruck die Festigkeit verleihende Gewebeschichtung weitgehend zerstört wird. Die Kunststoffe müssen genau so verständnisvoll und materialgerecht zum Einsatz gebracht werden, wie jeder andere Werkstoff. Daß bei Beachtung dieser Regel der Erfolg nicht ausbleibt, beweist die zunehmende Anwendung der Kunststoffe in der Technik.

Festigkeitswerte der wichtigsten Kunststoffe.

Typ	Biegefestigkeit kg/cm²	Schlagbiegefestigkeit cmkg/cm²	Zugfestigkeit kg/cm²
11	500	3,5	250
12	500	3,5	250
M	700	15,0	250
O	600	5,0	250
S	700	6,0	250
T 1	600	6,0	150
T 2	600	12,0	250
T 3	800	25,0	500
Z 1	600	5,0	250
Z 2	800	8,0	250
Z 3	1200	15,0	800
K	600	5,0	500
Polystyrol	500	10	300
Polyvinylchlorid	1100	175	580

III. Veredlung der Werkstoffe.

1. Legieren.

Die metallischen Werkstoffe bestehen praktisch niemals aus einem reinen Metall allein. Entweder bereitet die Herstellung reiner Metalle Schwierigkeiten oder man legiert absichtlich zwei bzw. mehrere Stoffe miteinander, um bessere Werkstoffeigenschaften zu erzielen. Von der Veredlung der Metalle durch Legieren mit anderen Metallen oder Nichtmetallen macht man in der Technik der metallischen Werkstoffe weitgehenden Gebrauch. Erst die Legierungen des Eisens oder des Aluminiums ermöglichen den vielfältigen technischen Einsatz dieser Metalle. Das Vergüten der Werkstoffe durch Warmbehandlung lassen nur die Metallegierungen zu. Durch geeignetes Legieren der Metalle will man in erster Linie die mechanischen Eigenschaften der Werkstoffe verbessern. Der Kohlenstoff im Stahl erzeugt im technischen Eisen die große Steigerung der Festigkeits- und Härte-Werte im Vergleich zum reinen Eisen. Durch die kleinen Legierungszusätze von Kupfer, Mangan, Silizium oder Magnesium wird das Aluminium erheblich fester und härter. Das Legieren der Metalle bringt aber auch gewisse Nachteile mit sich. So nimmt mit steigendem Kohlenstoff-Gehalt die Dehnungsfähigkeit des Eisens ab. Manche Legierungen des Aluminiums sind korrosionsunbeständiger als Reinaluminium.

Das richtige Verständnis für die Behandlung der technischen Legierungen ist nur dann möglich, wenn die grundlegenden Legierungsgesetze und die sich aus ihnen ergebenden Folgerungen bekannt sind. Die Auswirkungen dieser Gesetzmäßigkeiten lassen sich durch Gefügeuntersuchungen der Werkstoffe verfolgen.

Das Gefüge der Metalle ist kristalliner Natur, wie man schon in einfacher Weise an der Bruchfläche eines Metalls erkennen kann. Man nennt diese Bausteine der Metalle Kristallite. Zur besseren Beobachtung des Stoffaufbaues stellt man eine polierte Ebene des Werkstoffes (Schliff) her, die bei mikroskopischer Betrachtung Aufschluß über das Legierungsgefüge gibt.

Legierungsgesetze.

Reine Stoffe haben einen festen Erstarrungs- bzw. Schmelzpunkt. Bei einer dem reinen Metall charakteristischen Temperatur geht die flüssige Phase vollkommen in die feste Phase über.

Schon durch das Legieren mit kleinsten Mengen eines anderen Stoffes kann die Erscheinung des festen Erstarrungs- und Schmelzpunktes verschwinden.

Legierungen besitzen den festen Aggregatzustand erst unter der Erstarrungstemperatur des Legierungsbestandteiles mit dem höchsten Erstarrungspunkt. So kommt es, daß z. B. Legierungen von Kalium mit Natrium noch flüssige Phase bei Zimmertemperatur zeigen, während der Schmelzpunkt des reinen Kaliums bei $97,5°$ und der des Natriums bei $62,5°$ liegt. Die Erniedrigung des Schmelzpunktes dient zur einfachen Prüfung eines Stoffes auf Reinheit.

Bei Legierungen verteilt sich im allgemeinen das vollständige Erstarren auf ein Temperaturintervall. Für die Beurteilung von Legierungen ist die Kenntnis der genauen Grenzen dieses Erstarrungsbereiches von Interesse.

Das direkte Beobachten der Erstarrungsgrenzen ist wegen der Undurchsichtigkeit der Legierungen nicht möglich. Deshalb nimmt man für jede Legierungszusammensetzung eine Abkühlungskurve auf. Man beobachtet die Temperaturwerte in Abhängigkeit der Abkühlzeit.

Der Verlauf der Abkühlungskurve wird durch die freiwerdende Kristallisationswärme des erstarrenden Legierungsanteils innerhalb des Erstarrungsbereiches verlangsamt. Durch die sog. Haltepunkte an der Abkühlungskurve lassen sich die gewünschten Temperaturgrenzen feststellen. Abb. 8 zeigt den Verlauf einer solchen Zeittemperaturkurve für die Legierung Nickel—Kupfer mit 30% Kupfer. Die Haltepunkte A_1 und A_2 geben das Erstarrungsintervall an.

Man ermittelt für die verschiedenen, möglichen Legierungszusammensetzungen die zugehörigen Temperaturbereiche, in denen der Übergang vom flüssigen zum festen Zustand vor sich geht. Hieraus wird für jede Legierung ein Zustandsschaubild aufgestellt, das für jede Legierungszusammensetzung die Temperaturlage des Erstarrungsbereiches angibt.

Voraussetzung für Legieren ist die Mischbarkeit der Komponenten in der flüssigen Phase.

Für den Verlauf des Zustandsdiagramms einer Legierung ist das gegenseitige Verhältnis der Legierungskomponenten im erstarrten Zustand ausschlaggebend. Genau so wie man bei zwei Flüssigkeiten unbegrenzte Löslichkeit (Alkohol und Wasser) oder begrenzte Löslichkeit (Äther und Wasser) oder fehlende Löslichkeit (Öl und Wasser) kennt, bestehen diese drei Möglichkeiten auch für den festen Zustand der Legierungen. Die drei Grundtypen der vorkommenden Schmelzdiagramme beruhen auf der Art der gegenseitigen Löslichkeit der Legierungspartner. Es soll in der nachfolgenden Erörterung das Vorhandensein von nur zwei Legierungskomponenten angenommen sein.

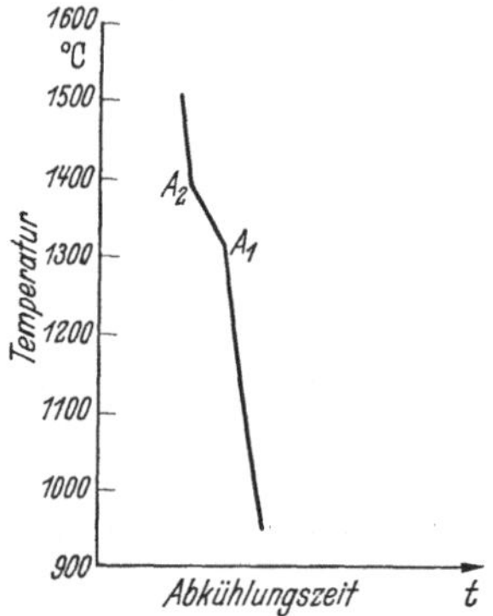

Abb. 8. Abkühlungskurve einer Cu-Ni-Legierung mit 30% Cn.

a) Unlöslichkeit im festen Zustand = eutektische Legierung. Während in der Schmelze die beiden Legierungspartner eine homogene Lösung bilden, setzt sich die erstarrte Legierung aus den getrennt nebeneinander liegenden Kristalliten der einzelnen Komponenten zusammen. Abb. 9 zeigt einen solchen Fall bei dem Legierungssystem Blei—Antimon. *A* ist der Erstarrungspunkt des reinen Blei, *C* der des reinen Antimons. Für alle dazwischen liegenden Legierungsmöglichkeiten findet der Beginn des Erstarrens der flüssigen Phase auf dem entsprechenden Temperaturpunkt der Liquiduslinie *ABC* statt. Das Ende aller Erstarrungsintervalle liegt bei der Temperatur der Soliduslinie *DBE*. Jede Blei-Antimon-Legierung ist also unterhalb 245° erstarrt. In dem zwischen der Liquidus- und Soliduslinie gelegenen Temperaturgebiet besteht Schmelze neben einer schon ausgeschiedenen festen Komponente. Die Legierung des Punktes *B*, wo Liquidus- und Soliduslinie zusammenfallen, ist eine ausgezeichnete Zusammensetzung. Man nennt sie Eutektikum (gut schmelzbar), weil

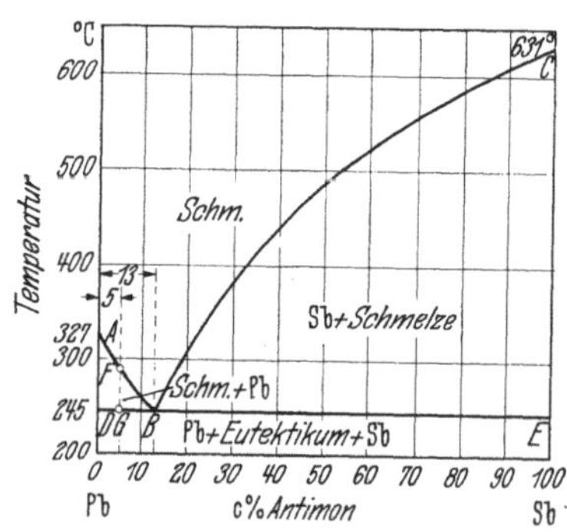

Abb. 9. Zustandsschaubild Blei-Antimon. (Aus Lunge-Berl, Chem. Techn. Untersuchungen. Bd. II.)

diese Legierung bei Überschreiten der Liquiduslinie sofort vollkommen vom festen in den flüssigen Zustand übergeht. Die eutektische Legierung erstarrt also wie ein reiner Stoff. Ihr Gefüge besteht aus regelmäßigen nebeneinanderliegenden Kristalliten des Blei und Antimon.

Eine Pb-Sb-Legierung der Zusammensetzung 5% Sb ist nach dem Zustandsdiagramm oberhalb der Temperatur F eine homogene Lösung. Bei Abkühlen auf F scheidet sich ein Teil Pb in fester Form aus, weil unter F nicht mehr 95% Pb in Lösung bleiben können. Damit reichert sich die Zusammensetzung der Schmelze an Sb an. Erst bei weiterem Abkühlen scheidet sich entsprechend dem Verkauf der Liquiduslinie neues Pb aus, bis die Restschmelze die Zusammensetzung des Eutektikums hat und somit sofort in den festen Zustand übergeht. Das Gefüge der ausgänglichen Pb-Sb-Legierung besteht somit aus Pb-Kristalliten, die im eutektischem Gefüge eingebettet sind.

Eine Pb-Sb-Legierung der Zusammensetzung rechts vom eutektischen Punkt durchläuft beim Übergang vom flüssigen zum festen Zustand die gleichen Stufen wie im vorher besprochenen Fall, nur mit der Änderung, daß an Stelle Pb jetzt Sb beim Unterschreiten der Liquiduslinie ausgeschieden wird. Das Gefüge der Legierung besteht dann aus Antimonkristalliten eingebettet im Eutektikum.

b) Löslichkeit im festen Zustand = Mischkristallbildung. Beim Erstarren der Legierung bleiben die Komponenten in gegenseitiger Lösung. Statt der Einzelkristallite besteht der feste Zustand aus einheitlichen Kristallen. Diese Mischkristalle bezeichnet man mit Recht als feste Lösung der Legierungskomponenten, weil sie sich wie homogen gemischte Flüssigkeiten durchdrungen haben und ein gemeinsames festes Kristallgefüge aufbauen. Bei der Gefügebetrachtung einer

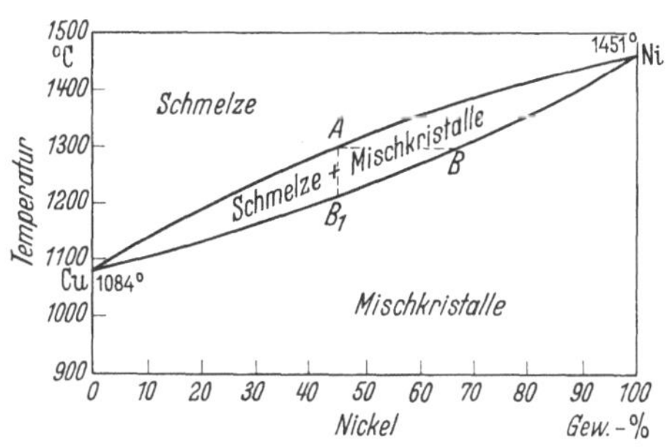

Abb. 10. Zustandsschaubild Kupfer-Nickel.

mischkristallbildenden Legierung stellt man nur gleichartige Kristallite fest.

Das System Kupfer-Nickel in Abb. 10 zeigt das charakteristische Zustandsschaubild für eine Legierung mit vollkommener Löslichkeit im festen Zustand.

Eine Kupfer-Nickel-Schmelze mit 45% Nickel bildet nach dem genannten Diagramm die Mischkristalle der Zusammensetzung des Punktes B. Da diese Mischkristalle reicher an Nickel als die Schmelze sind, nimmt der Nickel-Gehalt der Restschmelze ab. Bei weiterem Abkühlen der Schmelze entstehen Mischkristalle auf der Soliduslinie, die der jeweiligen Zusammensetzung der Restschmelze entsprechen.

Bei genügend langsamer Abkühlung gleichen sich die gebildeten Mischkristalle mit abnehmendem Nickel-Gehalt durch innere Diffusion aus, bis einheitliche Mischkristalle der Zusammensetzung der ausgänglichen Schmelze mit 45% Nickel entstanden sind. Die Legierung ist dann bei der Temperatur des Punktes B_1 der Soliduslinie, der senkrecht unter dem ausgänglichen Punkt A Liquiduslinie liegt, vollkommen erstarrt.

Das Gefüge besteht aus einheitlichen Kristalliten, die die Legierungskomponenten in der Schmelzkonzentration in festem Zustand gelöst enthalten.

Bei schnellem Abkühlen tritt kein Ausgleich der Mischkristalle ein. Die erstarrten Schichten besitzen einen abnehmenden Nickelgehalt entsprechend dem Verlauf der Soliduslinie. Das Gefüge hat also von Schicht zu Schicht verschiedene Zusammensetzung, die zuletzt erstarrte ist sogar nickelfrei.

c) Begrenzte Löslichkeit im festen Zustand = beschränkte Mischkristallbildung. Viele Legierungssysteme technischer Metalle zeigen Mischkristall- und Eutektikumbildung nebeneinander. Bis zu einer bestimmten Legierungszusammensetzung entstehen bei Unterschreiten der Liquiduslinie nur Mischkristalle (α-Mischkristalle). Aber die Mischkristallbildung bleibt wegen der begrenzten Löslichkeit im festen Zustand beschränkt (Bildung von gesättigten Mischkristallen). Es schließt sich eine Mischungslücke an, die dann wieder in ein Gebiet mit alleiniger Mischkristallbildung (β-Mischkristalle) übergeht. Diese zweite Sorte von Mischkristallen kann eine bestimmte Zusammensetzung nicht unterschreiten. In der Mischungslücke tritt eutektisches Legieren der beiden gesättigten Mischkristalle auf.

In Abb. 11 wird ein solcher Fall bei dem Legierungssystem Aluminium-Silizium gezeigt. Die Liquiduslinie hat den üblichen Verlauf einer eutektischen Legierung. Dagegen stellt die Soliduslinie AE_1E_2C den typischen Verlauf von begrenzter Löslichkeit im festen Zustand dar. Von A bis E_1 treten als feste Phase nur Mischkristalle auf. Bei E_1 ist die Sättigung der Mischkristalle erreicht. Weitere Mischkristallbildung mit höherem Silizium-Gehalt findet erst in dem Bereich E_2C statt. In der Mischungslücke von E_1 bis E_2 beobachtet man eutektisches Legieren der beiden gesättigten Mischkristalle E_1 und E_2 als Komponenten. Das Gefüge der 11,5% Silizium enthaltenden

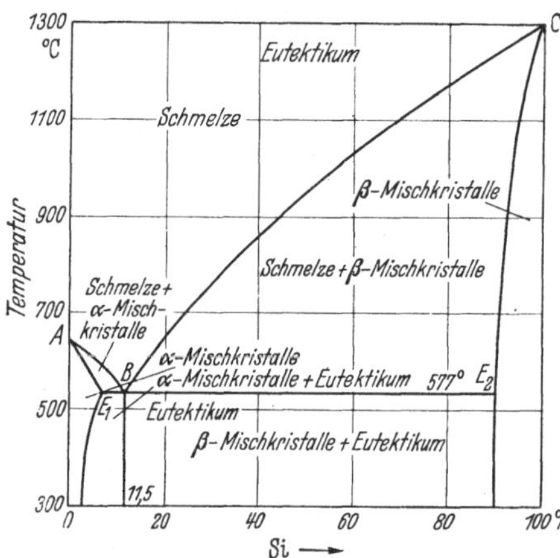

Abb. 11. Zustandsschaubild Aluminium-Silizium.

Legierung besteht also aus den beiden gesättigten Mischkristallen, die als Eutektikum ungestört nebeneinander liegen.

Die Mischkristalle der Zusammensetzung E_1 behalten bei weiterer Abkühlung nicht ihre Zusammensetzung, sondern verändern diese unter Teilausscheidung einer Komponente entsprechend dem weiteren Verlauf der Soliduslinie in die tieferliegenden Temperaturen. Die Mischkristalle zeigen hierbei ihre Eigenschaft als feste Lösung. Ihr gegenseitiges Lösungsvermögen ändert sich wie bei zwei Flüssigkeiten mit der Temperatur.

Neben dem verschiedenen Lösungsverhalten im festen Zustand besteht bei Legierungen noch die Möglichkeit, daß in der Schmelze die beiden Legierungspartner eine chemische Verbindung eingehen, die auch im festen Zustand erhalten bleibt. Die chemische Metallverbindung tritt dann als Legierungskomponente auf. Das Legierungssystem besteht aus den beiden Komponenten Metallverbindung und überschüssige Legierungskomponente. So kann sich bei der Fe-C-Legierung Eisenkarbid Fe_3C, bei den Al-Cu-Legierungen Kupferaluminid $Cu\,Al_2$ bilden.

Eisen-Kohlenstoff-Diagramm.

Das technische Eisen ist als Legierung des Eisens mit Kohlenstoff anzusehen. Entweder tritt zum Eisen als Legierungspartner freier Kohlenstoff (graues Roheisen, Graphitsystem) oder die im Hochofen entstehende Verbindung Fe_3C (weißes Roheisen, Zementitsystem). Das graue Roheisen ist das stabilere Legierungssystem. Technisch wichtiger ist aber das metastabile System Eisen-Zementit, wenn es auch durch Zerfall des Eisenkarbides noch in das Graphitsystem übergehen kann. Schnelles Abkühlen und Mangangehalt fördern die Bildung von weißem Roheisen, während Silizium das Erstarren nach dem stabilen System begünstigt. Die Weiterverarbeitung des weißen Roheisens zu Stahl und dessen Vergütungsverfahren sind leichter verständlich, wenn durch das Zustandschaubild des Systems Eisen-Zementit die Vorgänge beim Erstarren und weiteren Abkühlen zum weißen Roheisen bekannt sind.

Das reine Eisen, als Gefügebestandteil Ferrit genannt, erfährt nach dem Erstarren bei 1528° bei der weiteren Abkühlung noch drei Umwandlungen, die sich in drei Haltepunkten in der Abkühlungskurve des reinen Eisens zeigen:

A_4 bei $1400°$
A_3 ,, $\;\;906°$
A_2 ,, $\;\;768°$

Man unterscheidet von

1528—$1400°$ δ-Eisen
1400— $906°$ γ-Eisen
$\;906$— $768°$ β-Eisen
unter $768°$ α-Eisen (ferromagnetisch).

Die Verbindung Eisen-Karbid Fe_3C enthält 6,67% Kohlenstoff. Um das stabile wie metastabile Legierungssystem des Eisens in einem Zustanddiagramm zu vereinigen, geben die Abszissenwerte des Schaubildes in Abb. 12 für beide Systeme den prozentualen Kohlenstoffgehalt an. Beim stark linierten Zementitsystem ist der entsprechende Kohlenstoffgehalt aus dem vorliegenden Zementitanteil errechnet.

Das aus den Komponenten Fe und Fe_3C bestehende Legierungssystem zeigt beschränkte Mischkristallbildung. Die Fe und Fe_3C enthaltenden Mischkristalle werden je nach der vorliegenden Fe-Modifikation als δ-, γ-, β- oder α-Mischkristalle bezeichnet. Dabei ist zu berücksichtigen, daß bei den Legierungen des Eisens infolge des grundlegenden Legierungsgesetzes die Umwandlungstemperaturen des Eisens in die δ-, γ-, β-

und α-Modifikation verschoben werden. Die Stärke der Haltepunktsverschiebungen richtet sich nach der Menge des Legierungspartners. Alle Fe-Fe$_3$C-Legierungen haben bei 721° die innere Umwandlung des Eisens in die α-Modifikation beendet, diesen Haltepunkt A$_1$ bei 721° hat das reine Eisen nicht.

Besonders wichtig sind die in ihrem Gefüge als Austenit benannten γ-Mischkristalle. Der gesättigte Austenit hat einen Kohlenstoff-Gehalt

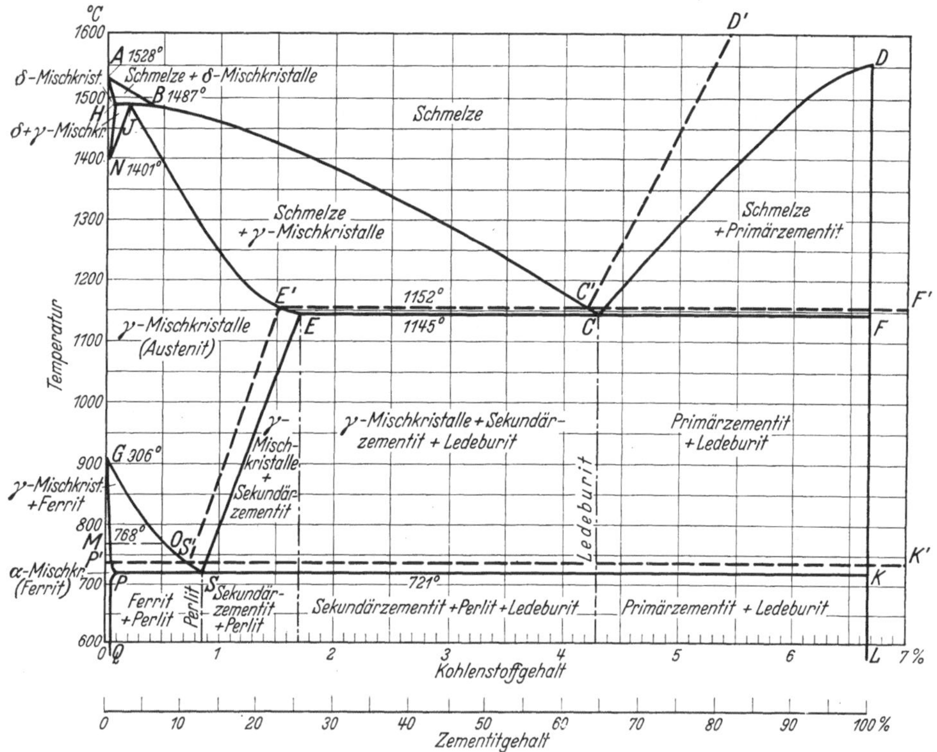

Abb. 12. Zustandsdiagramm Eisen-Kohlenstoff. Dicke Linien: Zementitsystem; gestrichelte Linien: Graphitsystem. (Aus Körber-Schottke, Bericht 180 des Werkstoffausschusses des Vereins Deutscher Eisenhüttenleute.)

von 1,7%. In der Mischungslücke zwischen 1,7—6,67% Kohlenstoff-Gehalt bilden die gesättigten Mischkristalle und der zweite Legierungspartner Zementit eine eutektische Legierung mit dem Eutektikum von 4,3% Kohlenstoff im Punkt C. Das Gefüge des Eutektikums, bestehend aus den beiden Komponenten gesättigte γ-Mischkristalle und Zementit, heißt Ledeburit. Unter 4,3% Kohlenstoff ist der Ledeburit in γ-Mischkristalle und darüber in Zementit (Primärzementit) eingebettet. Die gesättigten γ-Mischkristalle verändern beim weiteren Abkühlen entsprechend dem Verlauf der Linie ES ihren Gehalt an Zementit. Der sich ausscheidende Fe$_3$C-Anteil heißt Sekundärzementit.

Der Übergang des flüssigen Roheisens in den festen Zustand bei Normaltemperatur läßt sich in die beiden Abschnitte Erstarren und Erkalten aufteilen. Das Erstarren ist bis zu den Temperaturen der Soliduslinie $AECF$ beendet. Die weiteren Gefügeveränderungen der erstarrten Legierung erfolgen beim Abkühlen von der Soliduslinie bis zur Normaltemperatur. Die dann auftretenden inneren Umwandlungen sind zum Teil durch den Lösungscharakter der γ-Mischkristalle bedingt. Die feste Lösung von Fe und Fe_3C in Form der Mischkristalle läuft nämlich bei den Temperaturen der Linie GSE in einen eutektikumähnlichen Zustand aus. Bei 0,9% Kohlenstoffgehalt entsteht aus der festen Lösung von Ferrit und Zementit nunmehr das mechanisch zusammengesetzte Eutektoidgefüge Perlit.

Unterhalb der „Liquidus"linie GSE der γ-Mischkristalle wird bis 0,9% Ferrit und über 0,9% C Sekundärzementit aus dem Austenit frei. Mit der Temperatur der Linie PSK (721°) sind die Ausscheidungen beendet.

Der Zerfall der γ-Mischkristalle in Ferrit und Zementit, der mit Überschreiten der GSE-Linie beginnt und mit Erreichen der PSK-Linie beendet ist, macht sich in den Abkühlungskurven der Legierungen durch die Haltepunkte A_3 und A_1 bemerkbar. Die oberen Umwandlungspunkte A_3 liegen auf der GSE-Linie, die unteren Umwandlungspunkte A_1 auf der PSK-Linie. Die Lage der Umwandlungspunkte A_3 bzw. A_1 bestimmt die richtige Warmbehandlung des Stahles.

Eine 0,5% Kohlenstoff enthaltende Fe-Fe_3C-Legierung durchläuft demnach bis zum endgültig festen Zustand die Bildung der γ-Mischkristalle von 1500—1400°, die bei 760° Ferrit ausscheiden und schließlich mit 721° Perlit ergeben. Das Endgefüge zeigt also Perlit in Ferrit gebettet. Legierungen mit 0,9—1,7% C haben Sekundärzementit neben Perlit im Gefüge.

Perlit ist bei normaler Abkühlung als dunkler Körper, der aus einem Gemenge von Fe_3C und α-Fe besteht, in Ferrit bzw. Zementit eingelagert. Aus der Menge des Perlit kann man auf den Kohlenstoff-Gehalt der Legierung schließen. Bei starker Vergrößerung des Schliffes, wie in Abb. 16, löst sich der dunkle Körper auf.

Erfolgt das Erstarren und Erkalten der Eisenkohlenstofflegierung zum grauen Roheisen, so liegt das Graphitsystem mit den Komponenten Eisen und Kohlenstoff vor. Das Diagramm in Abb. 12 zeigt das Schmelzdiagramm dieses stabilen Systems in den gestrichelten Linien. Da für das Graphitsystem weniger technisches Interesse besteht, soll hier nicht näher darauf eingegangen werden.

Die Gefüge des normal abgekühlten technischen Eisens und ihre Eigenschaften sind in der folgenden Übersicht zusammengestellt:

Ferrit = Eisen, kohlenstofffrei	nächst Graphit der weichste Bestandteil
Zementit = Eisenkarbid Fe_3C zersetzt sich bei längerem Glühen	härtester Bestandteil
Ledeburit = Eutektikum des Fe-Fe_3C-Systems, bestehend aus Zementit und gesättigten Mischkristallen in feinster Verteilung	sehr hart, dem hohen Gehalt an Zementit entsprechend

Perlit	= Eutektoid des Fe-Fe$_3$C-Systems, mechanisches Gemenge aus Ferrit und Zementit	Härte zwischen Ferrit und Zementit
Austenit	= Feste Lösung aus γ-Mischkristallen	zäh, härter als Ferrit
Graphit	= kristallisierter, elementarer Kohlenstoff, unmittelbar aus der festen Lösung ausgeschieden	weicher als Ferrit

In den Abb. 13—19 zeigen Schliffbilder den Aufbau der oben genannten Gefüge.

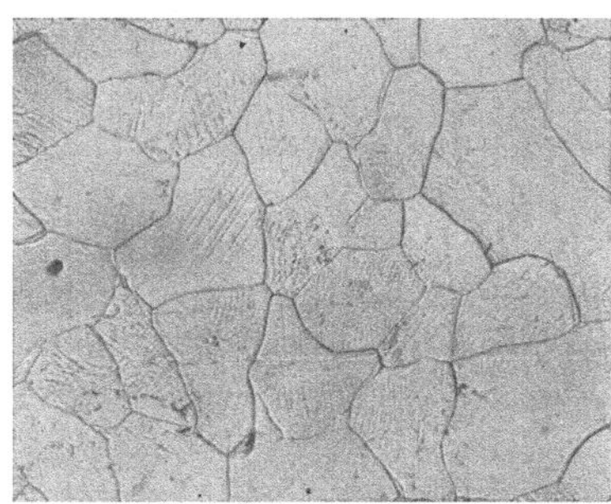

Abb. 13. Ferrit, reines Eisen. Vergr. 200 mal. (Abb. 13—19 u. 23 u. 24 aus Pockrandt, Mechanische Technologie für Maschinentechniker).

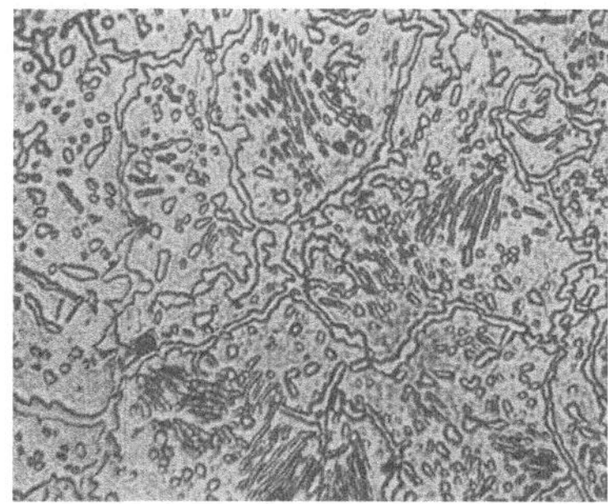

Abb. 14. Körniger Zementit mit Sekundärzementitnetz. Stahl mit 1,4% C. Vergr. 750 mal.

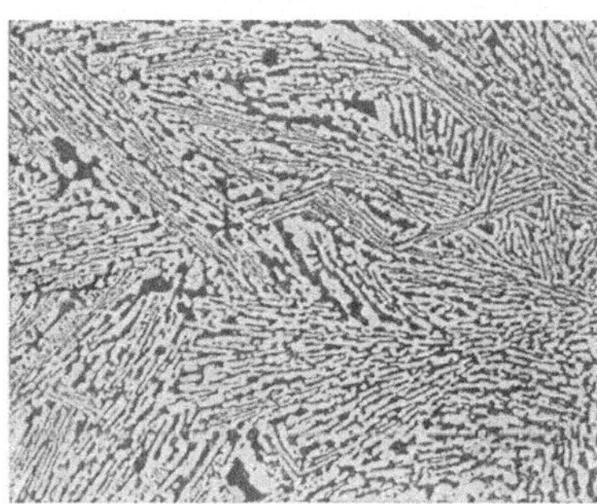

Abb. 15. Ledeburit. Roheisen mit 4,29% C. Vergr. 100 mal.

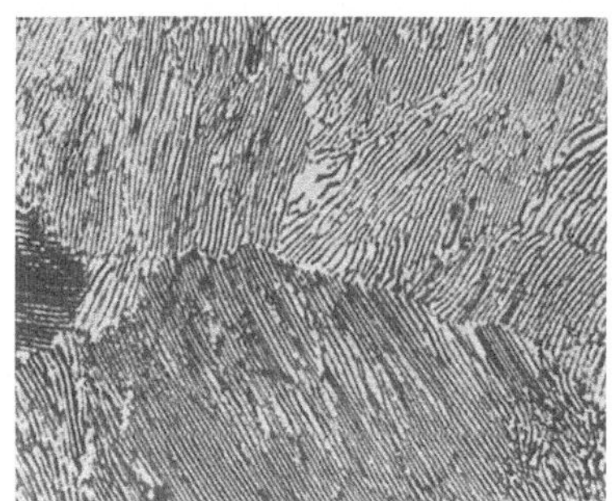

Abb. 16. Perlit. Vergr. 750 mal. Stahl mit 0,9% C.

Abb. 17. Austenit. Vergr. 200 mal. 25% Nickelstahl.

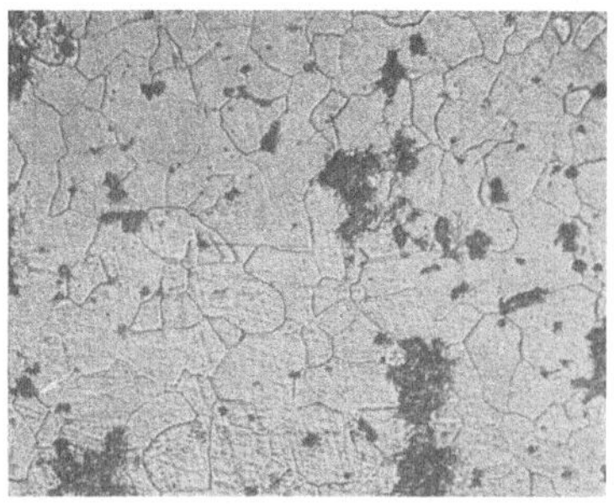

Abb. 18. Temperkohle in Ferrit Schwarzkerntemperguß. Vergr. 200 mal.

Die Eigenschaften des Stahl und Eisens werden durch die Gefügebestandteile und den Zustand der Kristallite bestimmt. Der Zementit
Fe_3C ist für die Härte maßgebend. Je höher der Anteil dieser Gefügebestandteile, um so härter und weniger dehnungsfähig das Material.

Größe, Form und Verteilung der Kristallkörner beeinflussen die Güte
der Legierung. Grobkristallines Gefüge verschlechtert die Festigkeit.
Ungleichmäßige Verteilung der Kristallite erzeugt Materialspannungen.

Die Erzielung einer einwandfreien Legierung ist nur möglich,
wenn beim Erstarren die dem Zustandsdiagramm entsprechenden
inneren Umwandlungen des Materials in richtiger Weise gelenkt werden. Als Kontrolle für den guten
inneren Zustand der Legierung benutzt man die Gefügeuntersuchung.

Abb. 19. Graphitlamellen in Perlit.
Perlitisches Gußeisen. Vergr. 500 mal.

Legierte Stähle.

Eine wesentliche Veredlung des
Kohlenstoffstahles erreicht man
durch zusätzliche Legierungspartner.
Als solche nimmt man Nickel, Chrom, Molybdän, Wolfram, Vanadium,
Kobalt, Mangan und Silizium. Man erhält dann Sonderstähle, die sich
im allgemeinen durch beson-
ders gute Festigkeit auch bei
hoher Temperatur, Zähigkeit,
Härte und in einzelnen Fällen
durch erhöhten Korrosionswiderstand und günstige magnetische Eigenschaften auszeichnen. Hierzu kommt noch,
daß manche legierte Stähle
bei der Warmbehandlung viel
besser und gleichmäßiger ver-
gütet werden können, als es
bei dem unlegiertem Stahl
möglich ist. Die Wirkungen
der Legierungselemente ist
nun nicht nur bei den einzelnen Elementen recht verschieden, sondern richtet sich auch

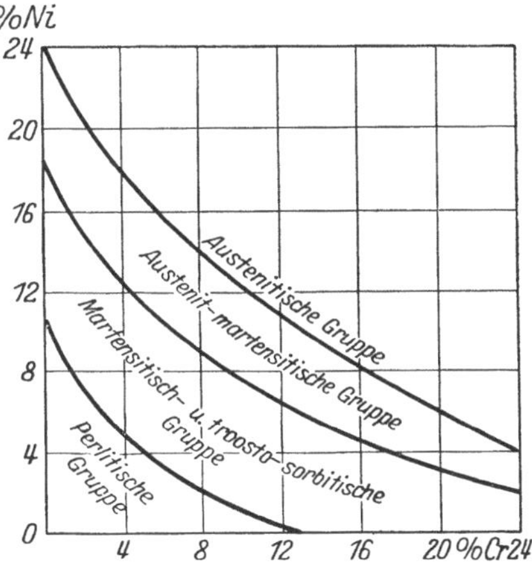

Abb. 20. Gefügeaufbau der Chromnickelstähle.
(Aus Stumper, Die Chemie des Bau- u. Betriebsstoffes
des Dampfkesselwesens.)

nach der Menge und den Kombinationen der benutzten Legierungszusätze.

Abb. 20 zeigt den Einfluß von Nickel- und Chrom-Zusatz auf das
Stahlgefüge.

Bei den legierten Stählen handelt es sich um Mehrstoff-Legierungen,
deren Zustandsschaubild nur schwierig darzustellen ist. Man begnügt
sich deshalb mit den Feststellungen, welchen Einfluß ein Legierungs-

Legierungselemente des Stahles.

Legierungsmetall	Wichte	Schmelzpunkt	Vorkommen als	Fundstätten
Nickel ...	8,8	1452°	Magnetkies (Fe Ni)S Garnierit $NiO \cdot MgO \cdot SiO_2 \cdot H_2O$	Kanada, Neukaledonien, Schweden, Norwegen
Chrom...	7,1	1890°	Chromeisenstein $Fe(CrO_2)_2$ Rotbleierz $PbCrO_4$	Griechenland, Türkei, Norwegen, USA., Südafrika
Molybdän	10,2	2620°	Wulfenit oder Gelbbleierz $PbMoO_4$ Molybdänglanz MoS_2	USA., Norwegen
Wolfram .	19,2	3370°	Scheelit $CaWO_4$ Wolframit $FeWO_4 \cdot MnWO_4$	China, Burma, Australien, Bolivien
Kobalt...	8,8	1490°	Mit Ni in Speiskobalt $CoAs_2$ und Glanzkobalt CoAsS	Belgisch-Kongo, Kanada, Neukaledonien
Vanadium	5,6	1715°	Carnotit (mit Uran) $V_2O_5 \cdot UO_3$ Vanadinit (Pb-Vandanat) $V_2O_5 \cdot Pb_2O_3$	Südwestafrika, Rhodesien, Peru

element auf den Verlauf des Eisen-Kohlenstoff-Diagramms hat. Allgemein zeigen sich die folgenden Veränderungen:

a) Die Haltepunkte A_1 und A_3 werden verschoben und damit das Temperaturgebiet der γ-Mischkristalle bzw. des Ferrit und Zementits verändert. Die Legierungselemente Nickel und Mangan senken die Umwandlungstemperaturen A_1 und A_3, ermöglichen also den γ-Mischkristallzustand bei niedrigen Temperaturen. Dagegen verschieben Chrom, Silizium, Molybdän und Wolfram die Haltepunkte A_1 und A_3 zu höheren Temperaturen bei gleichzeitiger Senkung der A_4-Umwandlung und verengen damit das γ-Mischkristallgebiet.

b) Die Legierungselemente verringern die Kohlenstoff-Löslichkeit im Austenit. Damit werden der Perlit-Punkt S und die Grenze der Mischkristallbildung zu kleinerem Kohlenstoff-Gehalt verschoben.

c) Bei Chrom, Molybdän, Wolfram und Vanadium besteht das Bestreben, mit dem Kohlenstoff des Stahles harte Karbide zu bilden, die zur Erhöhung der Stahlhärte beitragen. Dies wird noch begünstigt durch die geringere Löslichkeit des Kohlenstoffs in den legierten Stählen.

d) Die kritische Abkühlgeschwindigkeit, die zum erfolgreichen Abschrecken erforderlich ist, wird durch einige Legierungssätze, besonders stark durch Nickel, herabgesetzt. Damit wird eine bessere und gleichmäßigere Durchhärtung des Stahles erzielt.

Nickel wird im allgemeinen nicht über 5% mit Stahl legiert. Diese peritischen Ni-Stähle sind ausgezeichnete Vergütungsstähle, weil sie tief durchhärten und eine Vergröberung des Korns verzögern. Die Streckgrenze des unlegierten Stahles wird durch Nickelzusatz wesentlich verbessert, ohne daß die Dehnung stark sinkt. Stahl für hochbeanspruchte Konstruktionen wie Wellen, Panzer oder Geschützrohre enthalten deshalb Nickel. Höherer Nickelgehalt verbessert zwar die Festigkeit noch weiter, aber ihre Sprödigkeit und schlechte Bearbeitbarkeit lassen nur Verwendung für Sonderzwecke zu. So benutzt man 35% Nickelstahl (Invarstahl) wegen seiner geringen Temperaturausdehnung für Präzisionsinstrumente und Bimetallstreifen, oder 25% Nickel-Stahl als unmagnetischen Werkstoff für Kompaßgehäuse.

Chrom. Chrom bildet mit Kohlenstoff harte Karbide und verfeinert das Korn. Mit dem Chromgehalt wachsen Härte und Verschleißfestigkeit. Außerdem wird Stahl durch Chromzusatz widerstandsfähiger gegen chemischen Angriff und temperaturunempfindlicher (Zunderbeständigkeit bis zu 1200°). Verwendung findet Chromzusatz für Werkzeugstähle, warmfeste Konstruktionen, wie sie im Kesselbau gebraucht werden, und für korrosionswiderstandsfähige Materialien. Je nach dem Chromgehalt bekommt man perlitische bis autenitische Stähle (Lufthärtner), Vergütungsfähig sind nur niedrigprozentige Chromstähle, die aber zur Anlaßsprödigkeit neigen.

Molybdän. Molybdän verhindert die Anlaßsprödigkeit. Im übrigen wirkt dieses Legierungsmetall ähnlich wie Nickel. Bei vielen Werkstücken ersetzt man deshalb heute Chrom-Nickelstahl durch Chrom-Molybdänstahl. Ferner bewirkt Molybdänanteil Widerstandsfähigkeit des Stahles gegen plötzliche Beanspruchung durch Stoß. Die gute Dauerstandfestigkeit zwischen 350—600° macht Chrom-Molybdänstähle brauchbar für den Dampfkesselbau.

Wolfram zeigt ähnliche Wirkung wie Chrom und dient als Legierungspartner für Schnellarbeits- und Warmarbeitsstähle, weil es hohe Anlaßbeständigkeit und Verschleißfestigkeit bis zur Rotglut ermöglicht.

Vanadium verbessert den Stahl wie Molybdän und Wolfram. In Schnellarbeitsstählen bewirkt seine Anwesenheit Schneidhaltigkeit.

Kobalt-Zusatz bringt bei anwesendem Vanadium noch weitere Erhöhung der Schneidhaltigkeit und Anlaßbeständigkeit. Kobalt verhindert Grobkornbildung, macht also unempfindlich gegen Überhitzung. Für Dauermagnete benutzt man Stahllegierungen mit 5—40% Kobalt.

Mangan erzeugt höhere Festigkeit und Zähigkeit, ergibt bei über 12% gute Verschleißfestigkeit und kann deshalb als Wolfram-Ersatz genommen werden.

Silizium verbessert die Widerstandsfähigkeit gegen Verschleiß, steigert die Elastizität und den elektrischen Widerstand. Man verwendet Stähle mit 1—2% Silizium für hochbeanspruchte Federn. Transformatoren und Dynamobleche sind meistens siliziumhaltige Stähle.

Bei dem legierten Baustahl sollen durch die Legierungszusätze Festigkeit bzw. Streckgrenze und Durchhärten verbessert werden. In der Hauptsache kommen hierfür perlitische Chrom-Nickelstähle mit bisweilen kleinen Molybdängehalt in Frage. Ihre Anlaßtemperaturen liegen über 400°. Nickel bedingt dabei gutes Einsatzhärten. Nicht rostend sind die Kruppschen VA-Stähle (bis 10% Kohlenstoff, 11 bis 18% Chrom, 8—12% Nickel), am bekanntesten der V2A-Stahl mit 18% Chrom und 8% Nickel.

Die legierten Baustähle finden heute weitgehende Verwendung für hochbeanspruchte Konstruktionsteile im Hoch-, Kessel-, Maschinen- und Waffenbau.

Die legierten Werkzeugstähle zeichnen sich durch Schneidfähigkeit und guten Abnutzungswiderstand aus. Außer mit Chrom und hauptsächlich Wolfram legiert man den Stahl für solche Zwecke auch noch mit Molybdän und Vanadium, um die Warmfestigkeit zu verbessern. Manganhaltige Stähle besitzen beste Verschleißfestigkeit, sind aber meist nur durch Schleifen zu bearbeiten. Die hochlegierten Schnellarbeitsstähle sind verschleißfest und schneidhaltig bis zur Dunkelrotglut. Sie verlieren deshalb beim Drehen, Fräsen usw. nicht ihre Schnitthaltigkeit. Mit ihnen wird höhere Schnittgeschwindigkeit und damit höhere Leistungen möglich. Sie enthalten bis 24% Wolfram und 11% Kobalt, 5% Vanadium, außerdem Molybdän, Mangan und Chrom-Zusätze.

Die Hartmetalle sind sogar bis 1100 schnittfähig. Sie sind keine Stähle, sondern im wesentlichen Legierungen von Kobalt, Chrom und Wolfram. Man unterscheidet Guß- und Sinterhartmetalle. Zur ersten Gruppe gehören die Stellite mit 30—50% Kobalt, 20—30% Chrom, 9—25% Wolfram und 2—3% Eisen. Die Sinterhartmetalle, von denen das Widia-Metall das bekannteste ist, enthalten 87—94% des äußerst harten Wolframkarbids, das mit Kobalt-, Eisen- und Titanzusatz bei 1500° gesintert ist. Die Hartmetalle werden in Blättchenform auf legierten Stahl hart aufgelötet oder aufgeschweißt.

2. Warmbehandlung.

Durch künstliche Beschleunigung des Temperaturablaufes beim Abkühlen einer Legierung oder durch gesondertes Erwärmen und Abkühlen der erstarrten Legierung lassen sich manche Eigenschaften der Metalle wesentlich verbessern. Die Wirkung dieser Warmbehandlung beruht auf einer Gefügebeeinflussung der Metalle. Ein voller Erfolg dieser Veredlungsmethode metallischer Werkstoffe ist mit der richtigen Anwendung der Zustandsdiagramme der Legierungen verknüpft.

Glühen, Härten und Anlassen des Stahles.

Die Warmbehandlung des Stahles besteht je nach dem gewünschten Ziel in Glühen, Härten und Anlassen. Die Durchführung der richtigen Warmbehandlung ergibt sich aus den Umwandlungstemperaturen A_1 und A_3 des Stahles. Diese sind deshalb auch die Grundlage des Diagramms der Abb. 21.

Zweck des **Glühens** kann sein:

a) Beseitigung innerer Spannungen, die durch schnelles Abkühlen oder durch Bearbeitungsverfahren wie Ziehen, Walzen, Drehen, Fräsen usw. hervorgerufen sein können. Damit sich keine wesentlichen Festigkeitsänderungen ergeben, findet das Spannungsfreiglühen unter A_1 zwischen 650—450° statt.

b) Verfeinerung des Stahlgefüges, das durch zu hohe Glühtemperaturen (überhitzter Stahl) oder durch ungünstiges Erstarren (beim

Stahlguß) zu grobkörnig geworden ist. Das Normalglühen oder Homogenisieren verlangt Temperaturen, in denen der Ferritanteil des Stahles in die γ-Mischkristallbildung zurückgeführt ist, also bis 0,9% Kohlenstoff oberhalb des Umwandlungspunktes A_3 und über 0,9% Kohlenstoff oberhalb des unteren Umwandlungspunktes A_1. Die gleichen Glühtemperaturen nimmt man zur Rekristallisation von kalt oder warm verformten Stahl, in dem die Kristalle von dem mechanischen Zwangszustand befreit und in ein feinkörniges Gefüge verwandelt. Abb. 22 läßt eine solche Umkörnung erkennen. Nach dem Normalglühen läßt man den Stahl in Luft abkühlen.

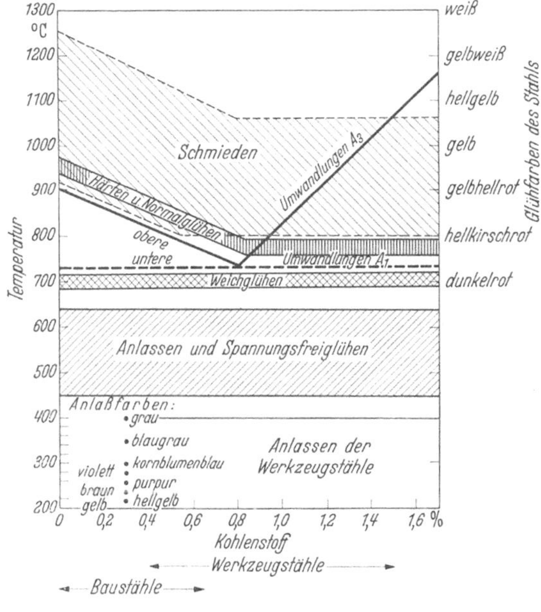

Abb. 21. Warmbehandlung des Stahls.

c) Weichmachen von gehärtetem Stahl zur besseren Bearbeitbarkeit. Die Glühtemperatur soll hierbei um die A_1-Umwandlung des Eisen-Kohlenstoff-Diagrammes liegen. Dabei entsteht die körnige und weichere Struktur des Zementitanteils im Stahl.

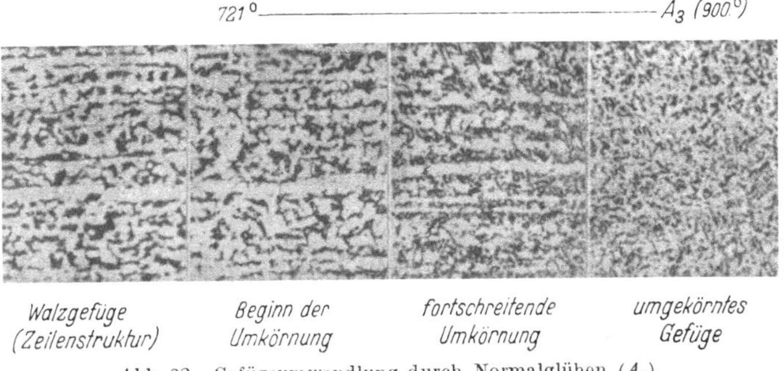

Abb. 22. Gefügeumwandlung durch Normalglühen (A_3).
(Aus Rheinmetall-Borsig-Mitteilungen 1938.)

Durch **Härten** will man die Naturhärte des normal abgekühlten Stahles erhöhen. Dieses Ziel wird durch thermische Beeinflussung der Umwandlungen des Stahlgefüges erreicht (Umwandlungshärte). Schroffes Abkühlen von dem γ-Mischkristallgebiet auf Normaltemperatur ver-

hindert die normalen inneren Umwandlungen des Stahles und läßt als Endgefüge eine besonders harte Perlitstruktur entstehen. Aus dem Austenit
bildet sich je nach der Abkühlgeschwindigkeit Martensit-, Troostit- oder
Sorbitgefüge. Der Martensit zeichnet sich durch große Härte aus. Be-
dingung für erfolgreiche Abschreckhärtung ist Überschreiten einer kriti-
schen Abkühlgeschwindigkeit und das Abkühlen von einer Temperatur
aus, bei der sich der Ferritanteil des Stahles wieder in die feste Lösung
von Austenit zurückgebildet hat (für untereutektoidische Stähle oberhalb A_3, für übereutektoidische Stähle oberhalb A_1). Als Abschreck-

Abb. 23. Martensit. Stahl mit 0,8% C von
900° abgeschreckt. Vergr. 750 mal.

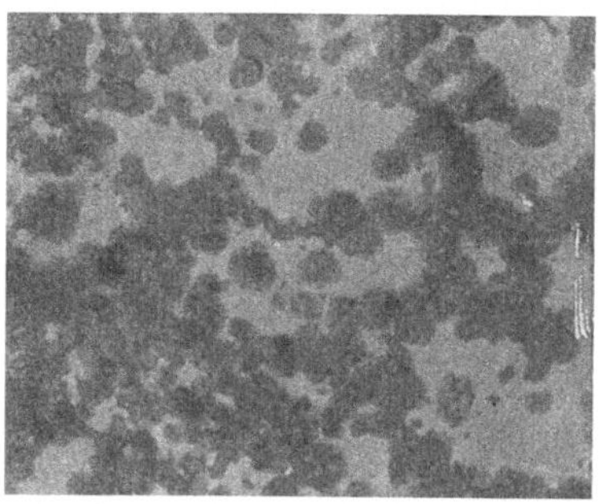

Abb. 24. Schwarze Troostit-Knoten in Martensit. Stahl mit 0,8% C abgeschreckt.
Vergr. 200 mal.

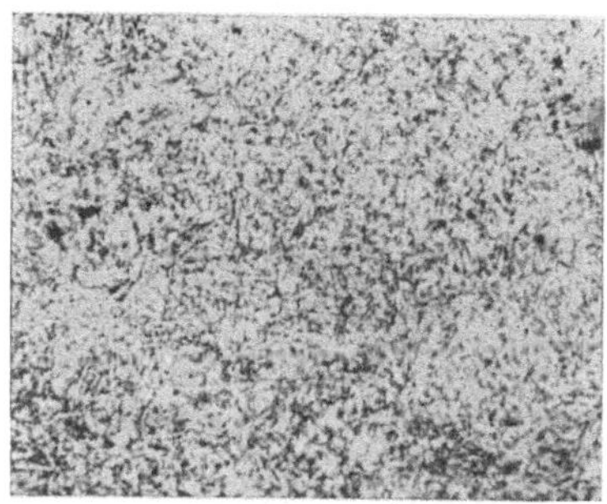

Abb. 25. Sorbit. (Aus Rheinmetall-Borsig-
Mitteilungen 1939.)

mittel werden je nach der gewünschten
Abkühlung Wasser, Salzbäder, Preß-
luft oder Öl genommen.

Das **Anlassen** des Stahles dient
der teilweisen Beseitigung zu großer
Abschreckhärte und der gleichzeitigen
Steigerung der Zähigkeit. Durch
Temperaturerhöung des gehärteten
Stahles, die unter der A_1-Umwand-
lung (meistens 450—650°) bleibt, wird
der Martensit aufgelöst und in die
feineren und weniger harten Troostit-
und Sorbitgefüge übergeführt.

Härten mit anschließendem Anlassen nennt man Vergüten des
Stahles. Gehärtete Werkzeugstähle werden zum Ausgleich von
Spannungen auf 200 bis 400° angelassen. Man erkennt den Grad
dieses Anlassens durch die Anlaßfarben (Bildung von dünnen Oxyd-
häuten an der Oberfläche).

In Ergänzung der Übersicht der normalen Eisengefüge (S. 41) seien
noch die Eigenschaften der Gefüge des vergüteten Stahles zusammengestellt:

Martensit = scharfnadeliges Gefüge aus Perlit,   sehr hart, Zementit nahe-
            entsteht beim Abschrecken aus   stehend
            Austenit

Troostit = 1. Zerfallsstufe des Martensit bei Anlassen auf 400°. Knotenförmige Verteilung im Martensit	härter als Sorbit, weicher als Martensit.
Sorbit = 2. Zerfallsstufe des Martensit bei Anlassen auf über 450° je nach C-Gehalt, fast strukturloses Perlitgefüge	härter als das ferritisch-perlitische Gefüge desselben Stahles

Abb. 23—25 zeigen die Gefüge des vergüteten Stahles.

Das Vergütungsschaubild in Abb. 26 läßt die Steigerung der Festigkeit durch Abschrecken erkennen. Das Feld der Vergütung gibt dem Anlassen genügend Spielraum. Unerwünschte Glashärte und damit verbundene Sprödigkeit werden durch sachgemäßes Anlassen beseitigt.

Bei den legierten Stählen läßt sich im allgemeinen die Warmbehandlung besonders günstig durchführen. Mangan- und Nickel-Stähle benötigen eine kleinere Abkühlungsgeschwindigkeit. Dadurch ist eine bessere Durchhärtung gegeben. Bei manchen dieser legierten Stähle genügt schon die Abkühlung an der Luft (Lufthärten). Ausreichende Legierungszusätze können bewirken, daß durch Warmbehandlung das Austenitgefüge bei normaler Temperatur erhalten bleibt.

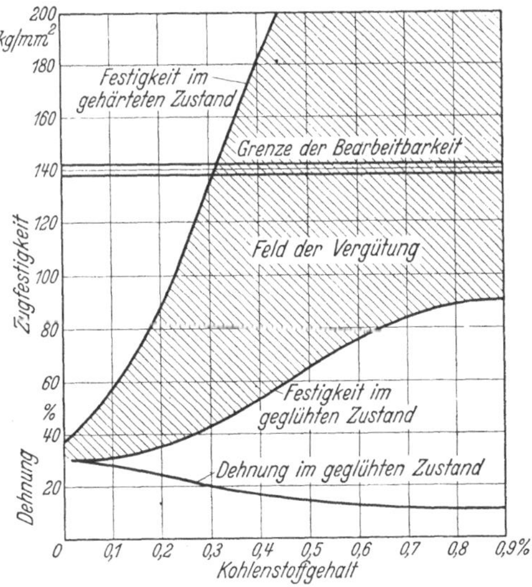

Abb. 26. Festigkeit von Kohlenstoffstahl (nach Wendt). (Aus Werkstoffhandbuch Stahl u. Eisen.)

Für manche Zwecke ist nur ein Härten der Oberflächenschichten erwünscht (Panzerplatten, Geschoßspitzen, Zahnräder usw.). Solche Werkstoffe sollen einen zähen Kern und glasharte, verschleißte Oberfläche haben. Diese Oberflächenhärtung hat meist bei niedrig gekohltem Stahl zu erfolgen. Das als Einsatzhärten oder Zementieren benannte Verfahren reichert durch Glühen des Materials bei rd. 850—1000° in kohlenstoffhaltiger Substanz die Oberflächenschichten mit Kohlenstoff bis zu 1% an, der sich mit Eisen zu dem harten Zementit umsetzt. Beim nachfolgenden Abschrecken erhält damit die Außenschicht eine besonders hohe Härte. Als Zementiermittel verwendet man Holzkohle, Zyanverbindungen, CO oder Leuchtgas. Die Einsatzhärtung geht nur wenige mm tief.

Eine temperaturunempfindliche Oberflächenhärtung ergibt die Nitrierhärtung. Durch Glühen bei 500° im Ammoniakstrom bilden sich in der Oberfläche Eisennitride, die dem Stahl ohne Abschrecken eine sehr harte Oberfläche geben. Anwendung findet die Stickstoffhärtung für dichtende Teile von Hochdruckdampfmaschinen und Motorenzylinder.

Als Patentieren von Stahl bezeichnet man die Kombination von Kaltverformung und Warmbehandlung. Nach dem Abschrecken auf 400 bis 500⁰ im Salz- oder Bleibad wird durch Verformen, wie z. B. Ziehen, ein besonders festes Sorbitgefüge erreicht (für Drähte mit hoher Festigkeit).

Vergüten der Leichtmetalle.

Die bei den Leichtmetallegierungen auftretende temperaturabhängige Löslichkeit von Legierungselementen gibt die Möglichkeit der Vergütung durch Warmbehandlung. Dadurch lassen sich Festigkeit und Härte dieser Legierungen verbessern.

In dem Zustandsdiagramm der Abb. 27 zeigt die mit der Temperatur fallende Löslichkeitsgrenze der Aluminium-Kupfer-Mischkristalle das Gebiet der Vergütung dieser Legierung. Durch Abschrecken entstehen nach Überschreiten der Löslichkeitsgrenze übersättigte Mischkristalle, die erst beim Anlaßerwärmen den überschüssig gelösten Kupferanteil ausscheiden. Die dann entstehende feine Verteilung der Ausscheidung wirkt sich insbesondere in einer Erhöhung der Härte des Leichtmetalles aus (Ausscheidungshärte). Die als Alterung bezeichnete Vergütung besteht bei den Aluminiumlegierungen in Erwärmen auf 500⁰, Abschrecken und anschließendem Erwärmen auf 50—100⁰. Im Gegensatz zur Stahlvergütung wird durch das Altern die Dehnung nicht

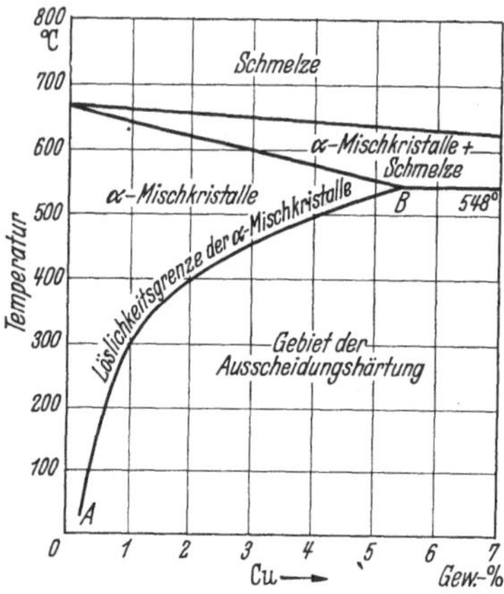

Abb. 27. Zustandsschaubild der Aluminium-Legierungen bis 7%Cu.

beeinträchtigt. Vergütungsfähig sind hauptsächlich die Aluminiumlegierungen mit Kupfer- und Magnesiumgehalt. Bei der Legierung des Aluminiums mit Kupfer und Magnesium, zu deren Gattung das bekannte Duralumin gehört, geht die Vergütung der Legierung ohne nachträgliches Anlassen vor sich. Diese als natürliche Alterung bezeichnete Verfestigung tritt in 3—5 Tagen Lagerdauer nach dem Abschrecken von 500⁰ auf.

Durch Weichglühen kann die Ausscheidungshärtung den Leichtmetallen wieder angenommen werden.

3. Mechanische Behandlung.

Die Werkstoffveredlung durch Legieren und Warmbehandlung wird ergänzt durch eine mechanische Bearbeitung. Zug-, Druck- und Biegungskräfte, wie sie zum Warm- wie auch Kaltverformen benutzt werden, beanspruchen die Metalle über die Streckgrenze hinaus. Dabei hat man die Möglichkeit, auf die Größe, Form, Richtung und Verteilung der Kristallite einzuwirken. Durch diese mechanische Veränderung des inneren Aufbaues können die mechanischen Eigenschaften der Metalle erheblich verbessert werden.

Das **Warmverformen,** wie es beim Schmieden, Walzen und Pressen vorgenommen wird, erfolgt bei Temperaturen der Rot- und Weißglut. Ein grobkörniges Gefüge des Stahlgusses wird hierdurch zertrümmert und in ein feineres und damit festeres Gefüge umgebildet. Eingeschlossene Gasblasen und Verunreinigungen werden durch die Knetwirkung des Warmverformens aus dem Metall weitgehend beseitigt. Vielfach kommt entsprechend der Richtung der mechanischen Behandlung eine Faserung in das Material, in deren Richtung bessere Festigkeit und Zähigkeit vorhanden sind.

Das **Kaltverformen,** das beim Recken, Ziehen, Walzen, Bordeln und Biegen der Werkstoffe geschieht, wirkt bei normaler Temperatur verbessernd auf die Werkstoffeigenschaften, insbesondere wird die Streckgrenze erhöht (Anwendung bei der Autofrettage von Kanonenrohren). Durch die Kaltverfestigung werden die Kristallite in der Verformungsrichtung beansprucht. Es entstehen Gefügespannungen, die sich in der Erhöhung der Festigkeit und Abnahme von Dehnung und Zähigkeit äußern. Stähle mit an sich hoher Festigkeit sind vorsichtig kaltzuverformen, um Rißbildung zu vermeiden. Mehrfaches Zwischenglühen ist in solchen Fällen angebracht.

4. Korrosionsschutz.

Korrosion. Durch die Verhüttungsprozesse werden die Metalle aus ihren in der Natur vorkommenden chemischen Verbindungen freigemacht. Sie behalten aber das Reaktionsbestreben, den Verbindungszustand zurückzugewinnen. Diese Rückkehr der Metalle in die Verbindung mit anderen Elementen nennt man Korrosion. Hervorgerufen wird die Korrosion der Metalle durch chemischen Angriff von der Oberfläche aus.

Der einfachste Fall der Korrosion ist durch äußere, rein chemische Einwirkung, insbesondere des Luftsauerstoffs, gegeben. Die sich an der Metalloberfläche bildende Oxyde können eine Schutzschicht sein gegenüber weiterer Korrosion. Voraussetzung für eine solche Schutzwirkung ist, daß die entstandene Oxydschicht vollkommen dicht das Metall von weiterem äußeren chemischen Angriff abschließt.

Einer anderen vielfältig vorkommenden Möglichkeit des Angriffes sind die Metalle durch Berührung mit Elektrolyten (meistens Wasser) ausgesetzt. Die unedlen Metalle streben danach, in den Ionenzustand überzugehen. Dieser Lösungsdruck der Metalle wird vielfach durch elektrochemische Vorgänge unterstützt. Sind in dem Metall elektrochemisch edlere Bestandteile oder liegt eine verschiedenartige Oberflächenbeschaffenheit (Oxyde, Zunder) vor, so kann es zu einer Lokalelementbildung kommen, bei der das von dem Elektrolyt berührte Metall Anode ist. Es kommt somit zur anodischen Auflösung des Metalles. Anwesender Sauerstoff fördert diese elektrochemische Auflösung der Metalle.

Sind zwei verschiedene Metalle elektrisch leitend irgendwie verbunden und mit einem Elektrolyten in Berührung sind, so wird das unedlere Metall ebenfalls durch anodische Auflösung zerstört.

Beide Korrosionsursachen, der Luftsauerstoff allein und der Elektrolyt im Verein mit Sauerstoff, wirken im allgemeinen um so heftiger, je unedler das angegriffene Metall ist.

Allgemeiner Korrosionsschutz. Die Verhütung der Korrosion wird durch geeignete legierungstechnische Veränderung der Metalle, durch Erzeugung von schützenden Oberflächenschichten oder durch elektrisch-isolierte Verbindung zweier Metalle erreicht. Von der Schutzmöglichkeit das angreifende Mittel zu entfernen bzw. unschädlich zu machen, wie es z. B. bei der chemischen Aufbereitung des Kesselwassers geschieht, soll im folgenden abgesehen werden.

Eine Erhöhung des Korrosionswiderstandes erhält man bei manchen Metallen schon durch geringen Legierungszusatz. Die korrosionsverhütende Wirkung von Legierungszusätzen kann auf der Bildung von beständigen und unlöslichen Verbindungen in den Außenschichten der Metalle beruhen. So erzeugt beim technischen Eisen Chromzusatz Chromoxyde und Silizium-Beimengung Kieselsäure in den Außenzonen, die je nach der Stärke des Legierungszusatzes einen entsprechend starken Korrosionsschutz abgeben.

Oberflächenschutzschichten verhindern die chemische Annagung der Metalle um so besser, je inniger die Überzüge mit dem Grundstoff verbunden und je lückenloser die Schichten sind.

Metallische Überzüge, stellt man durch Galvanisieren, Plattieren, Spritzen oder Eintauchen her.

Nichtmetallischen Korrosionsschutz bekommt man durch eine chemische Oberflächenbehandlung oder durch Auftragen geeigneter Farbschichten.

Wesentliche Voraussetzung für den dauerhaften Erfolg aller Schutzschichten ist das Vorhandensein einer einwandfreien Oberfläche des zu schützenden Werkstoffes. Vorherige gründliche mechanische Reinigung mit Stahlbürste oder Sandstrahlgebläse zur Beseitigung der Walzhaut und Zunderschicht, Rostentfernung durch Petroleum, Abbeizen mit verdünnten Säuren (Dekapieren) oder Entfetten durch Eintauchen in heiße Lauge verlängern die Lebensdauer des angewandten Oberflächenschutzes.

Rostschutz des technischen Eisens. Die sich durch den Luftsauerstoff auf dem Eisen bildende Rostschicht schützt nicht vor weiterer Korrosion, da die Eisenoxydschicht das Metall nicht völlig lückenlos nach außen abschirmt. Durch die poröse Oxydhaut kann der chemische Angriff weiter vor sich gehen.

Korrosionsverhindernd wirken beim technischen Eisen die Legierungselemente Kupfer, Chrom, Silizium und Aluminium.

Die gekupferten Stähle (0,2—0,5% Cu) sind schwerrostend. Der hochwertige Baustahl St 52 besitzt durch seinen kleinen Kupfergehalt gute Beständigkeit gegen Witterungseinflüsse.

Entsprechend der Menge des Chrom-Zusatzes erhält man die schwerrostenden und nichtrostenden Stähle. Sie werden als Besteck-, Instrumenten-, Kessel- und Turbinenwerkstoffe verwendet. Sie enthalten

11—18% Cr und 8—12% Ni. Über 18% Cr verbürgt im allgemeinen Rostfreiheit[1]. Man spart Chrom, wenn man nur die Außenzonen mit Chrom legiert. Durch eine als Inchromieren bezeichnete Diffusion von Chrom bei hohen Temperaturen wird die Oberflächenschicht in nichtrostenden Stahl verwandelt.

Ein Gehalt von mehr als 13% Silizium im Gußeisen erzeugt eine Kieselsäurehaut, die gegen Säuren und Salzlösungen beständig ist. Die Bearbeitung dieser Legierung ist nur durch Schleifen möglich.

Bei Glühöfen, die dem Luftsauerstoff bei hohen Temperaturen ausgesetzt sind, bewährt sich eine Legierung des Eisens mit 15% Al.

Um eine starke elektrochemische Korrosion von eisernen Schiffskonstruktionen in der Umgebung von Bronze-Schiffsschrauben zu verhindern, bringt man Zinkschutzplatten an. Zink ist unedler als Eisen und bildet an Stelle des Eisens mit der Bronze ein Element. Die Zinkschutzplatte wird zwar mit der Zeit durch die elektrochemische Korrosion vernichtet, vermeidet aber die galvanische Anfressung des Eisens.

Metallischer Oberflächenschutz findet beim Eisen vielseitige Anwendung. Die Schutzmetalle mit niedrigem Schmelzpunkt wie Zink, Zinn und Blei werden durch Eintauchen in die Metallschmelze aufgetragen. Die auf diesem Wege durchgeführte Feuerverzinkung ergibt einen guten Korrosionsschutz. Die verzinnten Eisenbleche nennt man Weißbleche, im Gegensatz zum ungeschützten Schwarzblech. Die Verzinkung gewährt auch bei kleinen Beschädigungen der Zinkhaut einen sicheren Rostschutz, während ein schlecht verzinntes Blech die Korrosion des Eisens verstärkt.

Einen einfachen, für Massenartikel recht brauchbaren Rostschutz bekommt man durch Aufspritzen von heißem Metallstaub unter Druck. Bei dem Sheradisieren wird das Werkstück bei 400° in Zinkstaubpulver gewälzt. Es bildet sich an der Oberfläche eine Eisen-Zinklegierung und darüber ein Feinzinküberzug.

Chrom-, Nickel- und Kupfer- und dünne Zink-Schutzschichten stellt man galvanisch her. Man taucht die Eisenteile als Kathode in eine entsprechende Metallsalzlösung. Der elektrische Strom schlägt auf dem Gegenstand eine gleichmäßige Metallschicht nieder.

Das Kupfer- oder Nickelplattieren von Stahl geschieht durch Aufwalzen von dünnem Kupfer- bzw. Nickelblech in angewärmtem Zustand.

Spritzüberzüge aus Aluminium bieten guten Schutz gegen Atmosphäreneinwirkung und Feuergase, bei Nachbehandlung mit Wasserglas Alumentierung genannt. Den gleichen Zweck verfolgt das Kalorisieren oder Alitieren, bei dem das Werkstück in einem Gemisch von Al-Pulver und Tonerde im Drehofen erhitzt wird. Es bildet sich an der Oberfläche eine Aluminiumlegierung, die gegen Korrosion und Verzunderung bei hohen Temperaturen schützt.

---

[1] Die Cl-Ionen des Salzwassers vermögen das Chrom in den korrosionsbeständigen Stählen aufzulösen. Neuerdings versucht man deshalb völlig seewasserbeständige Stähle durch geringen Silberzusatz herzustellen. Durch die Silberanwesenheit bildet sich bei Seewasserangriff das unlösliche und damit auf der Oberfläche schützend wirkende $AgCl$.

Bei dem nichtmetallischen Oberflächenschutz handelt es sich um die Herstellung einer gut haftenden und dichten Schicht nichtmetallischer Verbindungen auf der Oberfläche des Eisens. Das als Parkern bzw. Atramentieren bezeichnete Verfahren erzeugt durch Einwirkung einer konzentrierten Phosphatlösung eine schützende Eisenphosphatschicht, die im Gegensatz zur Eisenoxydschicht den Werkstoff gegen leichten chemischen Angriff dicht abschließt. Diese Deckschichtbildung wird durch Zusätze wie Zinkphosphat und Zinknitrat beschleunigt (Bondern).

Für Eisenkonstruktionen, die Witterungeinflüssen ausgesetzt sind, benutzt man als nichtmetallischen Rostschutz meistens Mennige Pb_3O_4. Mit Leinöl als Bindemittel dient Mennige zum Grundieren. Dieser Grundanstrich passiviert das Eisen gegenüber Korrosion. Auf diesen wird zum Schutz der Mennigeschicht die Deckfarbe aufgetragen. Für stoßunempfindliche Anstriche, wie sie für Fahrzeuge erforderlich sind, benutzt man heute Kunstharz- oder Nitrozelluloselacke. Den Farben für Schiffsbodenanstrich setzt man zur Verhinderung des Bewachsens giftige Salze des Quecksilber, Kupfer oder Arsen bei. Bei verzinktem Eisen verstärkt ein Farbanstrich den Korrosionsschutz.

Mechanisch empfindlich ist der Emailleüberzug, wie er zum Schutz von Gußeisen und Geschirr hergestellt wird. Eine Grundmasse aus Feldspat, Quarz, Magnesia, Ton und Borax wird in die Metalloberfläche eingebrannt und dann mit einer Glasur überzogen.

Zum Braunfärben oder Brünieren der Waffen behandelt man die Oberfläche mit schwacher Säure. Unter Einwirkung der Luft überzieht sich das Eisen mit basischem Eisensalz. Das Verfahren wird mehrfach durchgeführt. Als Abschluß reibt man das Waffenstück mit Wachs ein.

Korrosionsschutz der Leichtmetalle. Der verstärkte Einsatz der Leichtmetalle in der Technik fordert einen Schutz dieser im Vergleich zum Eisen wertvolleren Metalle gegen chemische Einflüsse. Je reiner Aluminium ist, um so besser ist seine chemische Widerstandskraft.

Legierungszusätze von Mn, Mg und Si verbessern den Korrosionswiderstand der Leichtmetalle. So besitzt die 13% Si enthaltender Aluminiumlegierung Silumin eine recht gute Beständigkeit gegenüber Ölen und Fetten. Die Al-Mg und Al-Mg-Mn-Legierungen KS- und BS-Seewasser gelten als korrosionsfest gegen Seewassereinfluß.

Zur Verhinderung chemischer Zerstörung mechanisch wertvoller, aber korrosionsunbeständiger Leichtmetalle wie z. B. des Duralumin plattiert man diese Werkstoffe mit Reinaluminium oder mit widerstandfähigen, kupferfreien Aluminiumlegierungen. Die aufgewalzte Schicht wirkt ähnlich wie der Zinkschutz beim Eisen.

Nichtmetallischen Oberflächenschutz gewährt man dem Aluminium durch anodische Oxydation. Der Aluminiumgegenstand wird als Anode in ein Elektrolysebad gesetzt und durch eine elektrisch erzeugte Schicht aus Al_2O_3 geschützt. Dieses Eloxalverfahren (Elektrischoxydiertes Aluminium) ergibt eine gut haftende und auch durch ihre Härte sich auszeichnende Schutzschicht.

Durch Eintauchen von kupferfreien Aluminium bzw. Magnesium-Metallen in eine Lösung von Soda und Kaliummonochromat (M. B. V.-Verfahren) erhält man gleichfalls einen brauchbaren Oberflächenschutz. Die entstehende Aluminium- und Chromoxydschutzschicht kann man dann durch Lacküberzug noch weiter verbessern.

IV. Werkstoffe im Waffen- und Maschinenwesen.

1. Panzer und Geschosse.

Die Stähle für Panzer und Geschosse stehen in bezug auf ihre geforderten Eigenschaften in Wettbewerb. Der Panzer soll die gegnerische Sprenggranate abweisen oder zu Bruch bringen, während das Geschoß die Wucht des Auftreffens überstehen und den gegnerischen Schutz durchdringen soll. Panzer- und Geschoßstähle müssen also außer möglichst hoher Festigkeit und Härte genügende Zähigkeit besitzen. Diese Forderungen sind durch Kohlenstoffstahl nicht in der gewünschten Weise zu erfüllen. Für solche Zwecke sind die legierten Stähle die geeigneten Werkstoffe.

Der Außenpanzer der Kriegsschiffe muß zur Abwehr der Panzersprenggranate, insbesondere in den Oberflächenschichten, hohe Härte besitzen, andererseits muß die Panzerplatte genügend zäh sein, damit nicht beim Beschuß der Stahl in Stücken herausbricht. Das beste Material hierfür ist der Chrom-Nickel-Stahl. Durch Nickel wird die Zähigkeit, durch Chrom die Härte erhöht. In Frage kommen nur die perlitischen Chrom-Nickel-Stähle, die sich leicht vergüten lassen, wobei Chrom die Durchhärtung verbessert. Entscheidend ist ferner, daß diese Stähle sich gut zementieren lassen. Die Oberfläche erlangt damit die verlangte Glashärte, während das Innere zäh bleibt. Diese Forderungen erfüllt der Kruppsche Zementierstahl (K-C-Stahl); er enthält 0,34% C, 3,78% Ni, 2,06% Cr, 0,31% Mn.

Für Panzerplatten unter 80 mm Dicke wird gehärteter, nicht zementierter Stahl verwendet (K-N-C-Stahl). Für Innenpanzer und Schutzschilde ist eine besondere Härte nicht erforderlich. Sie sollen nur die Splitter auffangen. Hierfür genügt zäher, nicht zementierter und nicht gehärteter Ni-Stahl mit etwa 4% Ni. Für die äußeren Platten der Panzerdeckböschungen, Panzerschächte usw. nimmt man Nickelstahl mit noch geringerem Ni-Gehalt (55 kg/mm² Festigkeit, 32 kg/mm² Fließgrenze und etwa 20% Dehnung).

Gegen ein 28 cm-Geschoß mit der Auftreffgeschwindigkeit 600 m/sec schützen folgende relativen Plattendicken: Chrom-Nickel-Stahl gehärtet 1, Chrom-Nickel-Stahl ungehärtet = 1,5, Nickel-Stahl ungehärtet = 1,8, Schmiedeeisen = 3,0.

Die Chrom- und Nickelanteile im Panzerstahl werden heute teilweise durch die Legierungselemente Molybdän, Wolfram und Vanadium ersetzt.

Panzersprenggranaten bestehen aus ähnlich hochwertigem Chrom-Nickelstahl wie die Panzerplatten. Damit das Geschoß die Gewaltbeanspruchung beim Auftreffen auf den Panzer besser übersteht, setzt man dem Stahl noch Molybdän (etwa 5%) zu. Die Spitze muß besonders hart sein; sie ist dann aber auch verhältnismäßig spröde. Man schützt sie durch eine weiche Stahlkappe. Der normale Geschoßstahl ist mit etwa 1,5% Chrom und 1% Nickel legiert. Infanterie-Mantelgeschosse haben den Kern aus Blei, während als Außenhaut Stahlblech genommen wird, das mit Tomback oder einer Kupfer-Nickel-Legierung plattiert ist.

2. Geschützrohre.

Die hohe Betriebsbeanspruchung des Geschützrohres verlangt einen Stahl mit hoher Streckgrenze und größter Festigkeit. Gewaltbeanspruchungen durch übergroßen Druck, etwa infolge Festklemmens des Geschosses oder gar durch Rohrkrepierer erfordern einen Stahl großer Zähigkeit, der hierbei möglichst nur aufbauchen, aber nicht zertrümmert werden soll. Endlich soll der Stahl mit Rücksicht auf eine lange Lebensdauer des Rohres möglichst wenig ausbrennen. In bezug auf Ausbrennung verhalten sich alle Stähle annähernd gleich. Zwar besitzen die Cr-Ni-Stähle bei hohen Temperaturen einen größeren Widerstand gegen Ausschmelzungen durch die heißen Pulvergase, aber ihre Wärmeleitfähigkeit ist geringer als bei unlegierten Stählen.

Bei dünnen Querschnitten, z. B. Gewehrläufen, ist unlegierter Stahl zulässig. Durch gründliches Durchschmieden, das zu Kornverfeinerungen führt und sorgfältiges Vergüten lassen sich die an das Material gestellten Forderungen erfüllen. Manganstahl mit 1,8% Mangan erzeugt ein Perlitgefüge mit erhöhter Streckgrenze ohne Einbuße an Zähigkeit. Er ermöglicht eine bessere Durchhärtung als unlegierter Stahl. Bei großen Wandstärken nimmt der Vergütungsgrad der Kohlenstoff- und Manganstähle nach innen ab. Man greift deshalb für größere Rohrkaliber zu legierten Stählen. Als Zusätze kommen Chrom, Molybdän, Nickel und Wolfram in Frage. Nickel und Molybdän fördern die Vergütungsfähigkeit dicker Stücke. Sie lassen durch Abschrecken und Anlassen ein durchgehendes sehr feines Sorbitgefüge entstehen. Meistens wird für Geschützrohre Chrom-Nickelstahl verwendet. Durch diese beiden Legierungselemente (Chrom bis 1,5% und Nickel bis 3%) erhöht man die Streckgrenze bis zu 60 kg/mm² ohne Nachlassen der Zähigkeit. Zur Vermeidung der Anlaßsprödigkeit dieser Rohrstähle legiert man als weitere Zusätze 0,3—0,5% Molybdän oder größere Anteile an Wolfram. Der perlitische Chrom-Nickelstahl erreicht erst durch Vergüten seine höchste Qualität. Sein Gefüge wird durch Abschrecken von 850° und Anlassen bei 600—650° sorbitisch. Durch Variation der Anlaßtemperatur und durch höheren Nickel- bzw. Chrom-Gehalt läßt sich zwar die Streckgrenze noch steigern, aber unter Verminderung der Zähigkeit. Solches Material ist für die dünnwandigen, nicht selbsttragenden Seelenrohre geeignet, die dem Ausschießen großen Widerstand entgegensetzen sollen; deshalb kommt es bei diesen auf möglichst hohe Festigkeitswerte und weniger auf Zähigkeit an. Die äußeren Lagen des Geschützrohres müssen dagegen aus recht zähem Stahl bestehen.

Eine künstliche Erhöhung der Streckgrenze des Geschützrohrstahles läßt sich mittels Autofrettage herbeiführen. Hierzu wird das Rohr durch hydraulischen Inndruck über die Streckgrenze des Materials hinaus belastet. Dadurch findet eine plastische Verformung statt. Das Rohr kann dann beim Schießen Belastungen aufnehmen, die über der natürlichen Fließgrenze des Stahles liegen.

Die anschließende Tabelle gibt eine Zusammenstellung der Festigkeitswerte von verschiedenen Stählen für Geschützrohre. Durch die Kerbzähigkeitsangaben (s. Abschnitt Werkstoffprüfung) kommt die Sprengzähigkeit des Rohrmaterials zum Ausdruck.

Geschützrohr-Stähle.

Stahlsorte, Zusätze	σ_F kg/mm²	σ_B kg/mm²	δ %	Kerbzähigkeit (DVM-Probe) mkg cm²
Kohlenstoffstahl, vergütet (mit 0,4% C)	30—35	55—60	15—17	etwa 3,0
Manganstahl, vergütet (mit 1,2% Mn)	38—40	60—65	15—17	etwa 4,0
Chromnickelstahl (mit 1,5% Cr und 2,5—3% Ni)	50—60	70—75	15	6,0
Chrom-Nickel-Molybdän-Stahl (mit 0,3—0,5% Mo)	70—80	80—90	10—15	5,0—6,0

3. Schiffbau.

Im Schiffbau findet im allgemeinen Fluß-Stahl mit Festigkeitswerten zwischen 35 und 55 kg/mm² Verwendung. Zur Gewichtsersparnis strebt man heute danach, die Konstruktionselemente möglichst durch Schweißen zu verbinden. Eine gute Schweißarbeit der

Schiffbau-Werkstoffe.

Bauteil	Werkstoff	σ_B kg/mm²	δ_5%
Schiffbaubleche	unlegierter Flußstahl	41—50	mindestens 20 (δ_{10})
Niete	„ „	34—47	25—22 (δ_{10})
Schmiedeteile für { Steven, Kiel, Ruderteile, Ladegeschirr	„ „	35—50	25
Nahtlose Rohre für { Ladebäume, Deckstützen, Masten, Poller, Bootsdavits, Gaffeln	„ „	35—65	25—12
Gußteile für { Steven, Ruderrahmen, Schraubenblöcke	Stahlguß	38—52	25—22

Bauteil	Werkstoff	σ_B kg/mm²	δ_5%
Stahltrossen	verzinkter Stahldraht	130—160	mindestens —
Ankerkettenglieder	Puddelstahl oder unlegierter S. M.-Stahl	35—42	10–25 (δ_{10})
Anker	geschmiedeter Stahl oder Stahlguß für große Anker	—	—
Schraubenwelle	unlegierter bzw. legierter Flußstahl	42—50	25
Schiffsschrauben	Stahl oder Bronze	45 35—60	22 30—15

Schiffbaustähle ist deshalb sehr erwünscht. Diese Eigenschaft verschlechtert sich aber mit höherem Kohlenstoffgehalt des Stahles, so daß man in der Wahl des Schiffbauwerkstoffes einen Kompromiß zwischen hoher Festigkeit und guter Schweißbarkeit hinnehmen muß.

Durch einen kleinen Kupferlegierungszusatz kann man den Korrosionswiderstand des Schiffbaustahles verbessern. Die Verwendung der Schiffbauwerkstoffe richtet sich nach den Vorschriften der Klassifikationsgesellschaften. In der vorstehenden Tabelle sind die Anforderungen an die Werkstoffe wichtiger Schiffbaukonstruktionselemente nach den „Vorschriften des Germanischen Lloyd für Klassifikation und Bau von stählernen Seeschiffen". zusammengestellt.

4. Kessel und Dampfturbinen.

Die Hauptwerkstoffe im neuzeitlichen Kessel- und Dampfturbinenbau müssen hohen mechanischen Beanspruchungen und chemischen Einflüssen bei Temperaturen bis 500° und mehr standhalten. Die chemischen Angriffe lassen sich durch geeignete Speisewasserpflege vermindern. Sicherheit und Betriebszuverlässigkeit der Hochdruck-Kessel und -Turbinen werden erst durch Verwendung hochwertiger Werkstoffe, deren Eigenschaften durch geeignete Veredelungsverfahren weitgehendst verbessert werden, gewährleistet. Die Weiterentwicklung der Dampfantriebsanlagen zu höheren Leistungen ist abhängig von der Möglichkeit, genügend widerstandsfähige warmfeste Werkstoffe zu besitzen.

Kessel. Bis zu 20 kg/mm² Kesseldruck benutzt man genietete oder geschweißte unlegierte Stahlbleche mit 35—56 kg/mm² Festigkeit. Nietverbindungen neigen zu Alterungserscheinungen und interkristalliner Korrosion. Für die größere Belastung im Hochdruckdampfkessel und zur gleichzeitigen Gewichtsverminderung nimmt man gewalzte bzw. nahtlos geschmiedete Trommeln aus legierten warmfesten Stählen, die im allgemeinen Molybdän-, Chrom-Molybdän oder Chrom-Nickel-Molybdän-Zusätze bis zu 5% enthalten. Diese Stähle müssen auch bei den hohen Betriebstemperaturen noch genügende Festigkeit besitzen, deshalb kommt es bei ihnen sehr auf gute Dauerstandfestigkeitswerte σ_D an.

In der folgenden Tabelle sind die Hauptwerkstoffe, die im Schiffskesselbau Verwendung finden, mit Angabe der wichtigsten mechanischen Eigenschaften zusammengestellt.

Werkstoffe für die Hauptbauteile von Kesselanlagen.

Bauteil	Werkstoff	σ_B kg/mm²	$\delta_5\%$	$\sigma_{0,2}$ kg/mm²	σ_D kg/mm² bei 450°
1. Für Hochdruck und Temperaturen über 350°.		minde-stens	minde-stens	minde-stens	minde-stens
Trommeln und Dampfsammler . .	schwach legierter Cr-Mo- oder Mo-Stahl	45—55	22	34	10—14
Mannloch-Deckel . .	unlegierter Flußstahl	41—50	22	23	—
Wasserrohre	Mo-Stahl	38—45	24	26	12
Deckelverschraubung	Cr-Ni-Mo-Stahl	80—90	16	60	20 b. 500°
Überhitzer-Rohre Überhitzer-Vorlagen	Mo- oder Cr-Mo-Stahl	45—55	22	30	15 b. 500°
Überhitzergestell	Wärme- und zunder-beständiger Si-Cr-Al-Stahl	55—80	10	35	—
Luftvorwärmerrohre	rostfreier Cr-Stahl	50—65	24	30	—
Hochdruck-Dampf-ventile	Cr-Mo-Elektrostahlguß	50—55	24	30—34	15
Ventilspindeln und Ventilkegel	Warmfester, rostfreier Cr-Stahl	65—80	16	55	7
2. Für Temperaturen bis 350°.					Warm-streck-grenze bei 350°
Trommeln und Dampfsammler	unlegierter Flußstahl	35—44	31—25	19	11
Wasserrohre	,, ,,	35—45 oder 45—55	25 21	23 26	13 15
Niete	,, ,,	34—42	30	—	—

Werkstoffe für die Hauptbauteile von Dampfturbinenanlagen.
1. Hochdruck-, 2. Mitteldruck-, 3. Niederdruckturbinen.

Bauteil	Werkstoff	σ_B kg/mm²	$\delta_5\%$	$\sigma_{0,2}$ kg/mm²
Turbine.			minde-stens	minde-stens
Gehäuse	1. Mo-Elektrostahlguß	45—55	22	25
	2. und 3. unlegierter Stahl-guß	45	16	22
Zwischenbodenscheiben . .	1. vergütbarer Cr-Ni-Mo-Stahl	60—70	20	42
	2. unlegierter Stahl	50—60	22	27
	3. perlitisches Gußeisen	22	—	—
Schaufeln	1.—3. rostfreier Cr-Stahl	65—80	18	45
Turbinenläufer	1.—3. Cr-Ni-Mo-Stahl	60—70	22—20	43
Getriebe.				
Radwelle	Vergütungsstahl	50—60	23	28
Radkörper	Stahlguß	45	16	—
Großer Zahnradkranz . .	vergütbarer Cr-Ni-Stahl	55—65	22	45
Ritzel	Mn-Si-Stahl	70—85	17	50
Kondensator.				
Kondensator-Vorlagen . .	Ms 60 (Muntzmetall)	34—41	20	12—25
Kondensator-Rohre	Al-Messing	29—40	35	20

Dampf-Turbinen. Die Rotoren der Schiffsdampfturbine sind im Betrieb hohen Umfangsgeschwindigkeiten, Schwingungen und chemisch-thermischen Einflüssen des Dampfes ausgesetzt. Es wird deshalb von den hierfür angesetzten Werkstoffen ein Höchstmaß an Güteeigenschaften verlangt. Anderenfalls ist mit schneller Zerstörung der Maschinenanlage zu rechnen. Schon der Bruch einer einzigen Schaufel kann den Ausfall der Turbine hervorrufen. Die sorgfältige Auswahl geeigneter Werkstoffe ist für die Betriebssicherheit der Hochdruck-Dampfturbinen unerläßlich. In vorstehender Tabelle sind die hauptsächlichsten Werkstoffe von Dampfturbinenanlagen zusammengestellt.

5. Dieselmaschinen.

In der nachstehenden Tabelle sind die Hauptwerkstoffe, die man für den Schiffsdieselmotorenbau bei einem Einheitsgewicht von etwa 50 kg/PS benutzt, zusammengestellt. Zur Gewichtsersparnis werden im Kriegsschiffbau Grundplatte und Gestell aus Stahlguß mit aufgeschweißten Blechen konstruiert.

Für kleinere Dieselmotore verwendet man heute zur weiteren Gewichtsersparnis weitgehend Leichtmetalle. Man stellt Grundplatte, Getriebe und Kurbelgehäuse aus Silumin her. In schnellaufenden Dieselmotoren besteht der Kolbenkörper bis 400 mm Durchmesser aus übereutektischem Aluminium-Siliziumguß oder Elektronmetall.

Werkstoffe für die Hauptbestandteile der Dieselmaschine.

Bauteil	Werkstoff	σ_B kg/mm²	$\delta_5\%$	$\sigma_{0,2}$ kg/mm²
			mindestens	mindestens
Grundplatte	Gußeisen	18	—	—
Zylinder-Block.	} Gußeisen	22	—	—
Zylinder-Deckel				
Zylinder-Büchse	perlitisches Gußeisen	26	—	—
Zuganker	vergütbarer Stahl	55—65	22	33
Kolbenober- und -unterteil	Elektrostahlguß	55—65	20·	30—36
Kolbenringe	perlitisches Gußeisen	22	—	—
Kolbenstange u. Kreuzkopf	S. M.-Sonderstahl	52—60	24	30
Treibstange	vergütbarer Stahl	47—55	24	28
Kurbelwelle	S. M.-Sonderstahl	50—58	24	29
Nockenwelle.	vergütbarer Stahl	55—65	22	33
Nocken, Kolbenbolzen . .	Einsatzstahl	35—45	26	20—30
Steuerventile für Brennstoffpumpe	Cr-Ni-Einsatzstahl	90–120	9	68—90
Auslaßventile	Si-Cr-Stahl	105	9	80
Ausguß für Grundlager. .	WM 80 oder Gittermetall	—	—	—

V. Prüfung der Werkstoffe.

Zur Prüfung, ob der vorgesehene Werkstoff den gestellten Anforderungen entspricht, werden in erster Linie die folgenden Verfahren benutzt:
1. Mechanische Untersuchungen.
2. Zerstörungsfreie Untersuchungen.
3. Gefüge-Untersuchung.

Außerdem kann man noch physikalische und chemische Prüfungen anstellen. Auf chemischem Wege ermittelt man die genaue Zusammensetzung oder die Korrosionsbeständigkeit des Werkstoffes. Die Messung des elektrischen Widerstandes oder der Wärmeleitfähigkeit wäre eine physikalische Prüfung.

1. Mechanische Untersuchungen.

Unter den Prüfverfahren kommt der mechanischen Werkstoffuntersuchung besondere Bedeutung zu. Ihre Ergebnisse dienen dem Konstrukteur als Anhalt für die geforderte Sicherheit. Sie geben die Grundlage für Liefer- und Abnahmebedingungen.

Man berücksichtigt bei den mechanischen Prüfverfahren den zeitlichen Verlauf der Belastung. Man kennt Verfahren mit **statischer, stoßweiser** und **wechselnder** Belastung. Bei ruhender Beanspruchung werden Zug- und Biegeversuch sowie die meisten Härteprüfungen durchgeführt.

Zugversuch.

Für die Beurteilung der Festigkeit und Dehnung eines Werkstoffes ist der Zerreiß- oder Zugversuch maßgebend. Die Versuchsausführung bei Zimmertemperatur ist durch die Werkstoffnorm DIN 1605 Blatt 2 festgelegt. Der Zugversuch wird mit Probestäben bestimmter Abmessungen durchgeführt. Man unterscheidet die folgenden Probestabformen:

a) Langer bzw. kurzer Normalstab mit der Meßlänge $l_0 = 200$ bzw. 100 mm und dem kreisförmigen Querschnitt von 314 mm².

b) Langer bzw. kurzer Proportionalstab mit der Meßlänge $l_0 = 11,3$ $\sqrt{F_0}$ bzw. $5,65 \sqrt{F_0}$ mm und dem beliebigen Querschnitt F_0 mm².

Die Versuchslänge muß allmählich in den direkten Stabkopf übergehen. Der Probestab ist ohne Vorbelastung oder zusätzlicher Biegebeanspruchung in die Einspannvorrichtung der Zerreißmaschine einzusetzen. Die Belastungszunahme soll 1 kg/mm² in der Sekunde nicht überschreiten.

Die zur Durchführung des Zugversuches benutzten Zerreißmaschinen unterscheiden sich nach der Art des Antriebes und der Kraftmessung. Man benutzt mechanischen oder hydraulischen Antrieb. Die Kraftmessung kann durch Laufgewichte, Neigungspendel oder Manometer erfolgen. Abb. 28 zeigt das Schema einer Universalprüfmaschine, mit der außer dem Zugversuch noch weitere Untersuchungen auf Druck, Härte und Biegungsbeanspruchung durchgeführt werden können. Die Maschine besitzt hydraulischen Antrieb und Kraftmessung durch Pendelmanometer.

Bei der Durchführung des Zugversuches beobachtet man das Verhalten der Stablänge unter dem Einfluß der steigenden Belastung bis zum Bruch. So lange die Dehnung des Stabes proportional der Spannung wächst, findet die Belastung noch unterhalb der Proportionalitätsgrenze statt. Bis dahin gilt das Hookesche Gesetz. Das Verhältnis von Dehnung und Spannung ε/σ wird als Dehnzahl α bezeichnet, ihr Reziprokwert $\frac{1}{\alpha}$ ist der Elastizitätsmodul. Sobald trotz fortschreitender Formänderung der Kraftanzeiger der Prüfmaschine stehen bleibt oder zurückgeht (P_F), ist die Streck- oder Fließgrenze erreicht. Bei manchen Werkstoffen dehnt sich dann der Probestab noch ein gewisses Stück weiter unter Abnahme der Antriebskraft (obere und untere Fließgrenze). Andere Metalle, wie Gußeisen und harte Stähle, besitzen keine scharf ausgeprägte Streck-

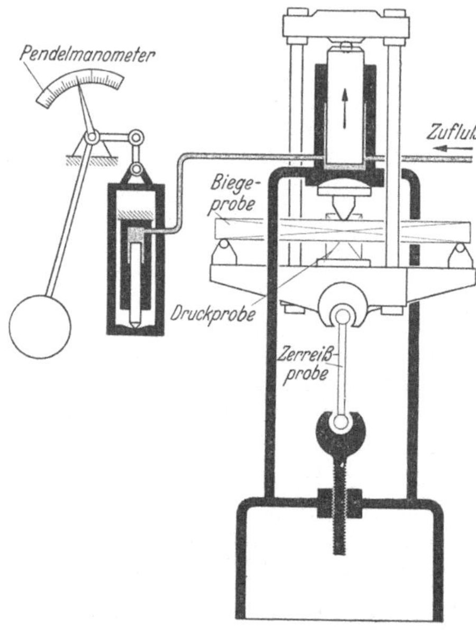

Abb. 28. Schema einer Universal-Prüfmaschine. (Aus Riebensahm-Träger, Werkstoffprüfung.)

grenze. Für solche Fälle wird die Belastung, bei der eine bleibende Dehnung von 0,2% der Meßlänge auftritt, als Streckgrenze oder 0,2-Dehngrenze $\sigma_{0.2}$ angegeben. Die Bestimmung der 0,2-Dehngrenze erfolgt durch Beobachtung der Dehnung mit Hilfe eines genügend genau anzeigenden Dehnungsmessers. Die Belastung als Funktion der Dehnung kann durch einen mit dem Ablauf des Zugversuches gekoppelten Indikators aufgezeichnet werden. Der Verlauf des Dehnungs-Spannungs-Diagramms eines weichen Stahles ist in Abb. 29 gezeigt. Als Zugspannung rechnet man die jeweilige Belastung bezogen auf den Anfangsquerschnitt des Stabes. Würde bei der Spannung der jeweilige Querschnitt der Probe zugrundegelegt, dann würde der Wirklichkeit entsprechend beim Bruch die größte Spannung zu verzeichnen sein.

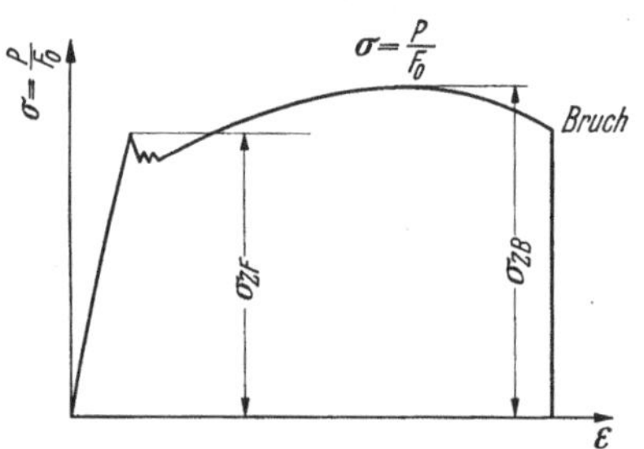

Abb. 29. Spannungs-Dehnungs-Diagramm eines weichen Stahls.

Die prozentuale Bruchdehnung $\delta = \frac{l_1 - l_0}{l_0} \cdot 100$ bestimmt man aus der Länge l_1 der Meßstrecke nach dem Bruch, sofern die Bruchstelle im mittleren Drittel der Meßlänge liegt. In anderen Fällen schreibt DIN 1605 Blatt 2 folgende Errechnung der Bruchdehnung vor (s. Abb. 30):

Vor dem Versuch wird die Meßlänge zwischen den Endmarken bei den langen Stäben in 20, bei kurzen in mindestens 10 Teile durch Zwischenmarken unterteilt. Am kürzeren Bruchstück werden die Teile gezählt und der Abstand bis zum Bruch gemessen (l'). Am längeren Bruchstück werden zunächst die der

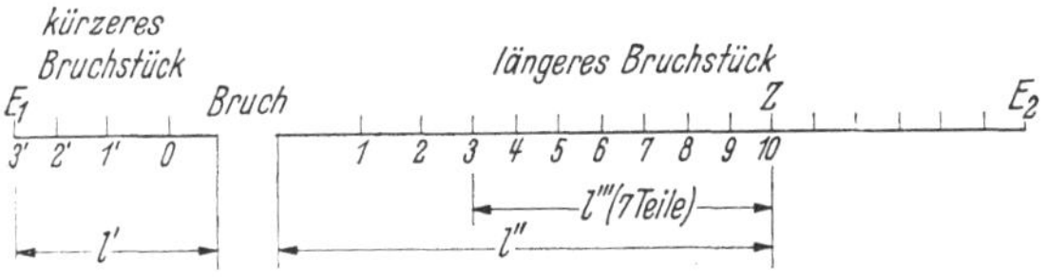

Abb. 30. Bestimmung der Bruchdehnung.

halben Meßlänge entsprechenden Teilungen abgezählt (l'') und gemessen. Das kurze Teilstück ist um das Maß der entsprechenden Zahl Teilungen des längeren Stückes zu ergänzen. Die Verlängerung $l_1 - l_0$ nach dem Bruch ist dann:

$$\varDelta l = l' + l'' + l''' - l_0.$$

Bei der Bruchdehnung δ muß im Index die Meßlänge als Vielfaches des Durchmessers angegeben werden, da die erhöhte Dehnung an der Einschnurstelle sich bei kleinen Meßlängen stärker bemerkbar macht auf die Gesamtdehnung. Die Bruchdehnung für den langen Probestab wird mit δ_{10}, für den kurzen Probestab mit δ_5 bezeichnet.

Die prozentuale Einschnürung oder Bruchquerschnittsverminderung ψ errechnet sich als Verhältnis aus dem Querschnitt F der Bruchstelle und dem Anfangsquerschnitt F_0:

$$\psi = \frac{F_0 - F}{F_0} \cdot 100.$$

Das Ergebnis des Zugversuchs wird durch die Zahlenangaben:

$$\text{Zugfestigkeit } \sigma_B = \frac{P_{max}}{F_0} \text{ in kg/mm}^2,$$

$$\text{Streck- oder Fließgrenze } \sigma_F = \frac{P_F}{F_0} \text{ in kg/mm}^2,$$

$$\text{Bruchdehnung } \delta_5 \text{ bzw. } \delta_{10} = \frac{l_1 - l_0}{l_0} \cdot 100 \text{ in \% und}$$

$$\text{Einschnürung } \psi = \frac{F_0 - F}{F_0} \cdot 100 \text{ in \% niedergelegt.}$$

Bei Konstruktionen sollen die auftretenden Belastungen zu keinen dauernden Formveränderungen führen. Die höchstzulässige Belastungsgrenze des Werkstoffes ist deshalb durch die Elastizitätsgrenze bestimmt. Die kleinen Formveränderungen erschweren das Messen der Elastizitätsgrenze. Zu ihrer Bestimmung benutzt man optische Meßgeräte. Aus meßtechnischen Gründen wird als zulässige Normalspannung $\sigma_{zul.}$ diejenige Spannung angegeben, bei der nach DIN 1602 je nach Vereinbarung 0,003 bis 0,01 % bleibende Dehnung auftritt. Bei einem kurzen

Normalstab würde also die zulässige Normalspannung eine bleibende Dehnung von 0,01 mm hervorrufen.

Als Grundlage für vereinfachte Konstruktionsberechnungen nimmt man im allgemeinen an Stelle der Elastizitätsgrenze $^1/_3$—$^1/_{10}$ der Zugfestigkeit σ_B als Wert für die zulässige Beanspruchung; bei Leichtmetallen wird vielfach eine Belastung bis 80% der Streckgrenze als noch zulässig angesehen.

Für Dampfkessel oder Turbinen, die Belastungen bei erhöhten Temperaturen ausgesetzt sind, müssen die Festigkeitseigenschaften der Werkstoffe in der Abhängigkeit von der Temperatur geprüft werden. Hierbei zeigt sich, daß die Zugfestigkeit im allgemeinen mit der steigenden Temperatur abnimmt, während die Dehnung wächst. Für Materialien, deren Beanspruchung bei Temperaturen über 350^0 stattfindet, bestimmt man die Dauerstandfestigkeit δ_D. Sie gibt die Belastung des Werkstoffes an, bei der sein Dehnen gerade noch ohne Bruch zum Stillstand kommt. Nach DVM.-Prüfverfahren A 118 soll die Dehngeschwindigkeit zwischen der 25. und 35. Versuchsstunde auf 10^{-3}%/h absinken und die bei der Entlastung verbleibende Dehnung nach der 35. Std. höchstens 0,2% sein.

Biegeversuch.

Die Bestimmung der Biegefestigkeit führt man meist nur bei spröden Werkstoffen durch. Bei zähen Materialien bestimmt man die Belastung bis zur dauernden Durchbiegung (Biegefließgrenze σ_{bF}). Für die Biegeprüfung von Gußeisen schreibt DIN 1691 vor, daß getrennt gegossene Biegestäbe mit einem Durchmesser d = 30 mm und einer Stützweite l_s = 600 mm in unbearbeitetem Zustand geprüft werden. Der Biegeversuch kann mit einer Universalprüfmaschine angestellt werden. Der Probestab liegt an den Enden auf zwei abgerundete Stutzen des Biegetisches. Die Kraft P greift in der Mitte an. Die Biegefestigkeit σ_{bB} errechnet sich aus dem Quotienten:

$$\frac{\text{Biegemoment beim Bruch}}{\text{Widerstandmoment des Anfangsquerschnitts}} = \frac{^1/_4\,P_{max}}{\pi/32\,d^3}\,.$$

Für den beim Gußeisen vorgeschriebenen Belastungsfall ergibt sich:

$$\sigma_{bB} = 5,66 \cdot P_{max} \cdot 10^{-2}\ \text{in kg/mm}^2\,.$$

Außerdem kann man die Bruchdurchbiegung f ermitteln. Sie ist die in der Mitte in Kraftrichtung gemessene Durchbiegung. Unter Biegepfeil versteht man das Verhältnis der Durchbiegung f zur Stützweite l_s, in % angegeben.

Härteprüfung.

Das Verhalten der Werkstoffe gegenüber dem Eindringen eines anderen härteren Körpers führt zu dem Begriff der technischen Härte. Eine genaue Definition der Härte ist noch nicht festgelegt. Die gebräuchlichen Prüfverfahren zeichnen sich durch eine einfache Versuchsanordnung aus. Ihre Durchführung erfordert keine besondere Herrichtung des zu untersuchenden Materials. Die Härte kann während des Herstellungsganges

des Werkstoffes oder am fertigen Material ermittelt werden. Bei Angabe
der Härtewerte muß das benutzte Härteprüfverfahren genannt werden.
Man unterscheidet statische und dynamische Härteprüfung, je nachdem
welcher Art die Krafteinwirkung auf den Prüfstoff ist. Statische Belastung benutzen die Verfahren von Brinell, Rockwell und Vickers.

Brinellhärte. Der Kugeldruckversuch nach
Brinell ist durch DIN 1605 Blatt 3 normiert.
Es wird eine Kugel aus gehärtetem Stahl in
die Oberfläche des Prüfstückes gepreßt (Ab-
bildung 31). Die normalen Brinell-Kugeln
haben eine Härte von mindestens 630 kg/mm².
Zur Bestimmung der Härte wird das Verhältnis der aufgewandten Druckkraft zur Oberfläche des Kugeleindruckes berechnet. Die
Kugelkalotte wird aus dem Durchmesser der
benutzten Versuchskugel und der entstandenen
Kugelkappe bestimmt. Der Durchmesser d (in

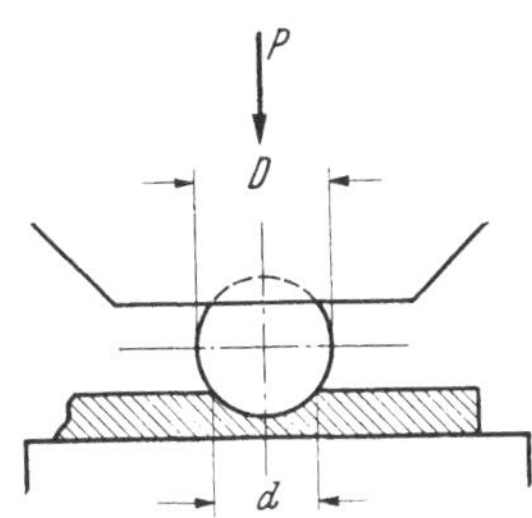

Abb. 31. Bestimmung der Ku-
geldruckhärte.

mm) der Eindruckfläche soll aus dem Mittelwert von mindestens zwei
Eindrücken gefunden werden. Man verwendet Kugeln mit Durch-
messern D = 10, 5 und 2,5 mm. Die zugehörigen Belastungen P
(in kg) gibt eine Tabelle des DIN-Blattes an.

Die Brinellhärte H errechnet sich dann aus D, P und d nach der
Formel:

$$H = \frac{\text{Druckkraft}}{\text{Eindruckfläche}} = \frac{2\,P}{\pi\,D\,(D - \sqrt{D^2 - d^2})} \text{ in kg/mm}^2.$$

Die Belastungsdauer beeinflußt das Versuchsergebnis, deshalb schreibt
die Norm vor, daß in der Regel 30 sec, bei stark fließenden Stoffen wie
Blei und Lagermetalle länger belastet wird. Zur Andeutung der vor-
gelegenen Versuchsbedingungen gibt man bei den Brinellhärtewerten im
Index durch Zahlen der Reihe nach Durchmesser der benutzten Kugel,
Belastung und Zeit an. Das normale Kurzzeichen $H_n = H_{10/3000/30}$ besagt
also, daß eine Brinellkugel mit 10 mm Durchmesser, Belastung P = 3000 kg
und Versuchsdauer von 30 sec die Versuchsbedingungen waren.

Zwischen der Zugfestigkeit σ_B und der Brinellhärte H_n besteht annähernd proportionale Beziehung. Für Stahl rechnet man meist mit
$\sigma_B \approx 0,36\,H_n$; für Chromnickelstahl nimmt man den Faktor 0,34. Bei
der Angabe solcher errechneten Zugfestigkeit muß immer der Zusatz:
„Aus der Härte bestimmt" genannt sein.

Die Durchführung der Brinellhärtebestimmung kann mit der Universalprüfmaschine geschehen. Der Durchmesser des Kugeleindruckes wird
mit einer Lupe gemessen (Brinell-Lupe). Für laufende Härteunter-
suchung benutzt man Kugeldruckpressen, die sofort auf beleuchteten
Mattscheiben den erzeugten Eindruck messen lassen.

Vickershärte. Bei Härten über 400 kg/mm² findet bei der Brinell-
härteprüfung eine zu starke Abplattung der Druckkugel statt. Für
solche Werkstoffe und auch zur Messung dünner Härteschichten benutzt man das Vickersverfahren. An Stelle der Stahlkugel wird eine

Diamantpyramide mit 136⁰ Spitzenwinkel mit der Druckkraft P eingedrückt (Abb. 32). Die Vickershärte H errechnet sich aus dem Mittelwert der Diagonalen d des Eindrucks nach der Formel:

$$H = \frac{\text{Druckkraft}}{\text{Eindruckfläche}} = \frac{P \cdot 2_{\cos} 22^0}{d^2} = \frac{P}{d^2} \cdot 1,854 \text{ in kg/mm}^2 .$$

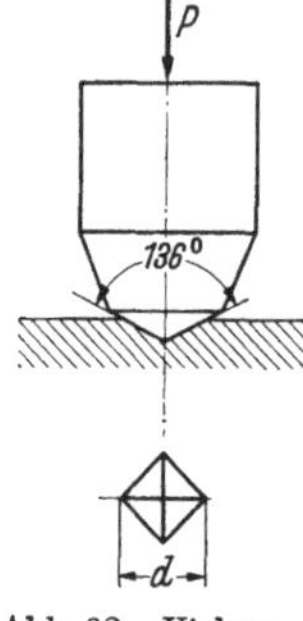

Abb. 32. Vickers-
härteprüfung.

Normalerweise wird die Vickershärteprüfung mit P = 30 kg
durchgeführt.

Rockwellhärte. Statt des Durchmessers des Ein-
druckes benutzt man die Eindringtiefe zur Härtebestim-
mung. Bei harten Werkstoffen wird ein Diamantkegel
von 120⁰ Öffnungswinkel, bei weichen Materialien eine
Stahlkugel von $^1/_{16}''$ Durchmesser eingedrückt. Um den
Oberflächeneinfluß zu verringern, wird die Belastung
mit einer Vorlast von 10 kg durchgeführt. Erst die
durch die Hauptlast hervorgerufene Eindringtiefe wird
als Maß für die Härte genommen.

Die Härteprüfung mit dem Diamantkegel (Rockwell C)
ist in Abb. 33 schematisch dargestellt. Die Eindringtiefe t_2-t_1 wird in
Vielfachen von 0,002 mm Einheiten von 100 abgezogen.

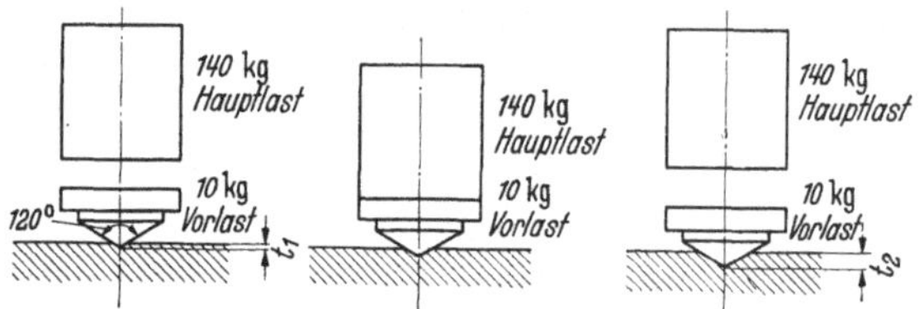

Abb. 33. Rockwellhärteprüfung C.

Nach DIN Vornorm DVM.-Prüfverfahren 103 wird die Vorlasthärte-
prüfung mit der Stahlkugel von D = 2,5 mm und einer Gesamtlast P
von 187,5, 62,5 oder 31,5 kg verlangt. Die hiernach gefundenen Härte-
werte sind damit der Brinellmethode angeglichen.

Die Rockwellhärtebestimmung hat den Vorteil der nur geringen Verletzung der Oberfläche des Prüfstückes. Deshalb wendet man sie bei der
Prüfung von kleinen Stücken und dünnen Blechen an.

Rückprallhärteprüfung. Bei der Rückprallhärtebestimmung nach
Shore fällt ein in einer Glasröhre geführter kleiner Hammer mit
Diamantspitze. Die Härtezahl 100 ist für die Rückprallhöhe von glas-
harten Stahl angesetzt. Die Rücksprunghärte ist abhängig von der
Elastizität des Probestückes. Diese dynamische Härteprüfung gibt durch
Messen des Rücksprunges eines auffallenden Gegenstandes zwar nur
Vergleichswerte für die Werte, aber das Verfahren läßt sich einfach und
schnell während des Härtens durchführen. Außerdem ist mit der Prü-
fung keine Beschädigung des Prüfmaterials verbunden. Einsatzgehärtete
Maschinenteile (z. B. Kurbelwellen) werden mit dem Rückprallver-
fahren untersucht. Besonders eignet sich diese Härteprüfung für die
Untersuchung einer gehärteten Oberfläche auf Gleichmäßigkeit.

Außer den hier besprochenen Methoden sind noch die Bestimmung der Kugelschlaghärte und der Ritzhärte als weitere Möglichkeiten zur Härteprüfung zu nennen.

Kerbschlagversuch.

Die Kerbschlagzähigkeit a_k bestimmt die zum Bruch eines eingekerbten Probestückes nötige Schlagarbeit, bezogen auf 1 cm² des Bruchquerschnittes. Ausgeführt wird die Kerbschlagprobe durch ein Pendelschlagwerk (s. Abb. 34). Man benutzt Apparate mit 10, 25, 50, 75 und 250 kmg Schlagarbeit. Die zum Bruch aufgewandte Arbeit errechnet man aus dem Fall- und Steigewinkel des Pendels.

Die verbrauchte Schlagarbeit ist:

$$A_0 = G\,R\,(\cos\alpha_2 - \cos\alpha_1)$$
$$\text{in mkg},$$

darin bedeuten G das Pendelgewicht in kg und R die Pendellänge in m.

Von großem Einfluß auf das Ergebnis der Kerbschlagprobe ist die Kerbform des Probestückes.

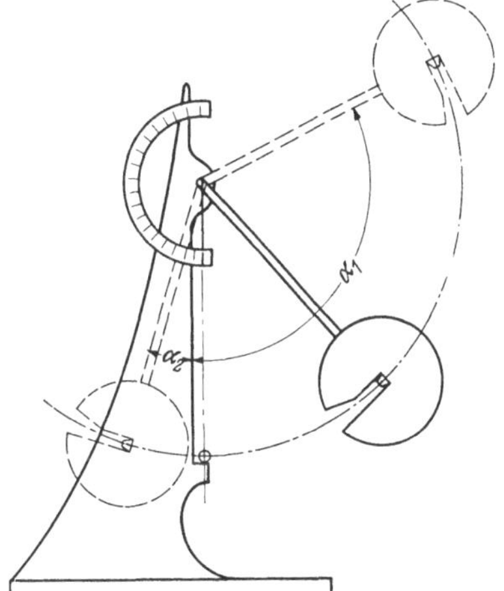

Abb. 34. Schema eines Pendelschlagwerkes.

DIN Vornorm D.V.M. A 115 schreibt die in Abb. 35 gezeigten Abmessungen der Deutschen Probe vor.

Um vergleichbare Resultate zu erhalten, ist es bei der Kerbschlagprobe besonders wichtig, die Vorschriften für die Versuchsausführung genauestens zu beachten. Aus fünf Versuchen ist das Ergebnis zu mitteln.

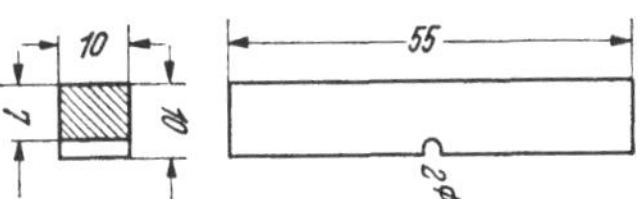

Abb. 35. Abmessungen der Deutschen Probe für Kerbschlagprüfung.

Anwendung findet die Kerbschlagprobe bei Werkstoffen, die stoßweiser Beanspruchung standhalten sollen. Es wird festgestellt, ob trotz Kerbwirkung der Werkstoff sich noch plastisch verformen kann und somit bei Überbeanspruchung nicht plötzlicher Bruch eintritt, sondern durch Formveränderung die Überbelastung aufgenommen wird. Die Kerbschlagversuche lassen sich ohne Schwierigkeiten auch bei höheren Temperaturen des Probestückes durchführen. Kesselbaustähle prüft man durch vergleichende Kerbschlagproben im Glühzustand, nach Kaltverformung und Anlassen auf etwaige Neigung zur Alterung (Sprödigkeit), die sich in Absinken der Kerbschlagwerte zeigt. Die Kerbschlagprüfung ermöglicht, falsche Warmbehandlung der Werkstoffe festzustellen. Sie läßt z. B. eine durch Überhitzung entstandene Kornvergrößerung schnell erkennen.

Dauerbeanspruchung.

Die Praxis hat gelehrt, daß Werkstoffe bei wechselnder Belastung, die unter der statisch ermittelten Festigkeitsgrenze des Materials liegt, nach einer gewissen Betriebsdauer zu Bruch gehen können. Diese merkwürdigen Erscheinungen, wie sie an Kurbelwellen, Federn, Brücken- und Schiffskonstruktionen usw. beobachtet wurden, führten zur Prüfung der Werkstoffe auf Wechselbeanspruchung.

Die Festigkeitsprüfungen mit periodisch veränderter Belastung werden in der Form schwingender Zug- und Druck-, Biege- und Verdrehungs- sowie pulsierender Belastungen durchgeführt. Dabei kann außer der Wechselbelastung auch eine konstante Vorspannung an dem Werkstoff liegen.

Die Dauerfestigkeitsmessung nach Wöhler ermittelt die Zahl der Lastperioden bis zum Auftreten des sog. Dauerbruches. Die zu den benutzten Spannungen gehörigen Lastperioden, die zum Bruch führen, werden in einer Wöhler-Kurve zusammengestellt (s. Abb. 36). Die Dauerfestigkeit des Werkstoffes ist dann diejenige Belastung, die von beliebig vielen Lastperioden ertragen wird. Sie ergibt sich aus dem Ordinatenwert der Wöhler-Kurve, bei dem asymtotischer Verlauf auftritt. Bei Flußstahl ist dies mit 5—10 Millionen Lastperioden der Fall.

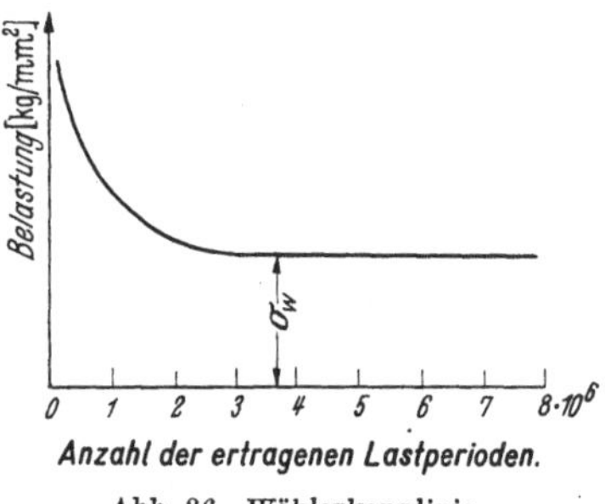

Abb. 36. Wöhlerkennlinie.

Beeinflussend auf die Ergebnisse solcher dynamischen Festigkeitsuntersuchungen sind die Oberflächenbeschaffenheit und die Gliederung der Versuchsstäbe. So wird bei einem Stahl von 70 kg/mm² Zugfestigkeit die Wechselfestigkeit durch Schruppen um rd. 15%, durch Spitzkerbverletzungen um rd. 30% und durch Salzwasserkorrosion bis um 70% herabgesetzt. Für den Dauerbiegeversuch, der hauptsächlich zur Prüfung auf Dauerbelastung herangezogen wird, schreibt DIN Vornorm D.V.M. A 113 die Oberflächenbehandlung der Probestäbe vor.

Die Ergebnisse der Prüfung auf Dauerfestigkeit zeigen, daß bei Metallen die dynamischen Festigkeitswerte erheblich niedriger liegen als die entsprechenden statischen. Die Wechselbiegefestigkeit erreicht bei Stahl nur etwa die Hälfte der ruhenden Festigkeit.

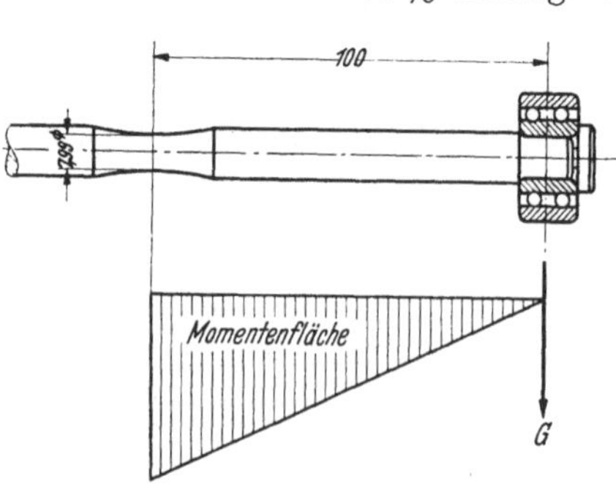

Abb. 37. Probestab für Dauerbiegemaschine von Schenk.

Zur Dauerprüfung der Werkstoffe zieht man vielfach die umlaufende Dauerbiegemaschine heran. Der durch einen Motor umlaufende Probestab wird mit einem konstanten Moment beansprucht (s. Abb. 37 u. 38). Die Belastung kann durch Gewichte verändert werden. Die Beanspruchung des Prüfungsquerschnittes errechnet sich aus dem Quotienten: $\frac{\text{Biegemoment}}{\text{Widerstandsmoment}}$. Die Beanspruchung eines 100 mm langen Probestabes mit einem Prüfquerschnitt von 7,99 mm ist in kg/mm² gemessen gerade gleich dem doppelten angehängten Gewicht in kg. Die Maschine der Abb. 38 gestattet die gleichzeitige Untersuchung von zwei Stäben. Die Anzahl der ertragenen Lastperioden wird von Synchronuhren ange-

Abb. 38. Dauerbiegemaschine von Schenck mit einseitig eingespannten Proben.
a Probestäbe; *b* Antriebsmotor; *c* Belastungsgehänge; *d* Federn der Belastungsgehänge; *e* Schutzbügel; *f* Synchronuhren; *g* Schaltautomat für den Antriebsmotor.

geben. Mit einer solchen kleinen Prüfmaschine erzeugt man bis 3000 Lastperioden in der Minute. Die Bestimmung der 5 Millionengrenze der Wöhler-Kennlinie für Flußstahl würde rd. 24 h Versuchszeit erfordern.

Der Bruch des Werkstoffes, der beim Überschreiten der statischen Biegefestigkeit auftritt, ist mit vorher kenntlicher Verformung verbunden, während beim Dauerbruch eine solche Erscheinung fehlt. An der Bruchfläche kann man deutlich den Gewaltbruch vom Dauerbruch unterscheiden. Im ersteren Fall findet man eine grobkörnige, frische Rißfläche, dagegen weist der Dauerbruch in dem größeren Teil eine glatte, teilweise durch sog. Rastlinien abgestufte Fläche und im Rest das Aussehen eines Gewaltbruches auf. Abb. 39 zeigt die Bruchfläche eines Dauerbruches.

Als Grund für das plötzliche Versagen des Werkstoffes glaubte man früher annehmen zu müssen, daß durch die lange Dauerbelastung eine Umschichtung des Werkstoffgefüges verursacht wird, das schlechtere Festigkeitseigenschaften besitzt. Durch die Dauerprüfungen ist man zu einer anderen Erklärung gelangt. Das Ansetzen eines Dauerbruches ist bedingt durch das Vorhandensein von Fehlstellen. Als solche sind zu nennen: innere Materialfehler (Blasen, Lunker, Einschlüsse), konstruktive Kerben (Keilnuten, Naben), Oberflächenfehler, entstanden durch den Bearbeitungsgang oder durch Korrosion. Diese Stellen im Werkstoff werden durch dauernde Wechselbeanspruchung im Dehnungsvermögen herabgesetzt. Es ist damit der Anlaß zur ersten Rißbildung gegeben. Durch Verkleinerung des tragenden Querschnittes entsteht Belastungserhöhung an der Grenze des ersten Risses. Die Kerbwirkung der Verletzung treibt langsam kreisförmig die Bruchfläche weiter, bis der Restquerschnitt die Belastung nicht mehr tragen kann und durch Gewaltbruch zerstört wird.

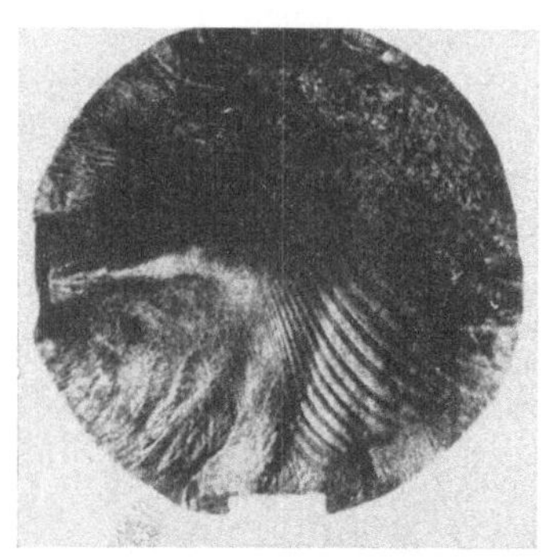

Abb. 39. Eisenbahnachse: Doppelter Dauerbruch von den Keilnuten ausgehend (TWL. 29 093).

Technologische Proben.

Neben den vorher besprochenen mechanischen Werkstoffuntersuchungen führt man noch rein technologische Proben durch, die Aufschluß über die Verarbeitbarkeit bei der Kalt- und Warmformgebung geben (Abb. 40). Man gewinnt durch solche Proben keinen zahlen-

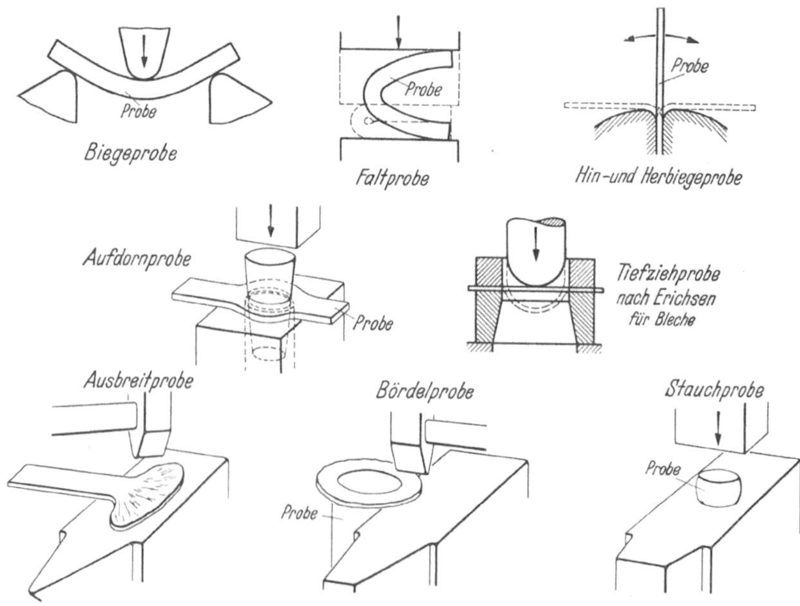

Abb. 40. Technologische Proben. (D. A. T. Sch. 1925.)

mäßigen Anhalt über mechanisch genau bestimmte Werkstoffeigenschaften. Aber die einfachen Versuchsausführungen lassen schnell ein Urteil über die Verarbeitungsmöglichkeit des Werkstoffes zu.

Der Biege- und der Faltversuch (DIN 1605 Blatt 4) sollen feststellen, zu welchem Winkel ein Probestück gebogen werden kann, ohne daß auf der Zugseite Risse auftreten.

Die Hin- und Herbiegeprobe ermittelt die Zahl der Biegungen, die ein Blech oder Draht bis zum Bruch verträgt.

Aufdorn-, Ausbreit-, Bordel- und Stauchprobe sind Schmiedeprüfungen, die die Eignung der Werkstoffe zu Warmverformung nachweisen sollen.

Die Kaltverformung von Blechen prüft die Tiefziehprobe. Als Gütemaß gibt man die bis zum Bruch erzielte Tiefung in mm an.

Durch die Verwindeprobe bestimmt man die Anzahl der Verwindungen, die eine bestimmte Drahtlänge bis zum Bruch aushalten kann.

2. Zerstörungsfreie Untersuchungen.

Die neuste Entwicklung der Werkstoffprüfung trachtet danach, ohne besondere Proben und ohne irgendwelche Verletzungen an dem fertigen Werkstück Untersuchungen vorzunehmen. Mit Ausnahme der früher genannten Rückprallhärtemessung können die mechanischen Prüfmetho-

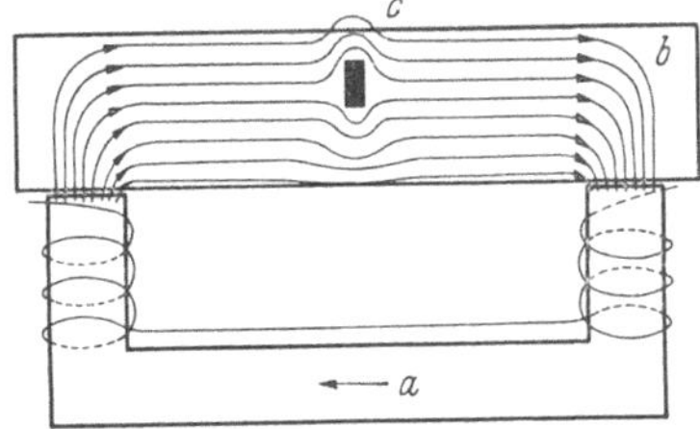

Abb. 41. Störungsstelle quer zur Hauptabmessung des Prüflings und zum Verlauf der Kraftlinien (Abb. 41—43 von H. Kühl, T. Z. f. praktische Metallbearbeitung 1938.)

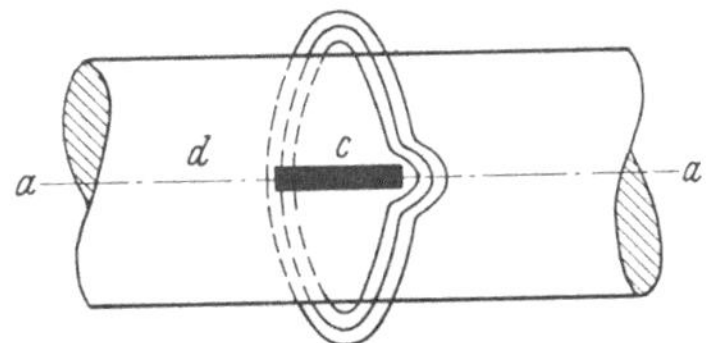

Abb. 42. Störungsstelle parallel zur Hauptabmessung des Prüflings.

den nur stichprobenweise angewandt werden. Damit ist nicht ausgeschlossen, daß eine größere Konstruktion infolge innerer Materialfehler schon unterhalb der zugelassenen Höchstbelastung versagt. Wenn auch die heute eingeführten zerstörungsfreien Prüfverfahren noch ziemlich kostspielig und teilweise kompliziert sind, so geben sie doch die Möglichkeit, höchstbelastete Bauteile (Wellen, Tragseile) in gewissen Zeitabständen auf Sicherheit zu prüfen. Man kann durch solche Verfahren insbesondere die Gefahr des Dauer-

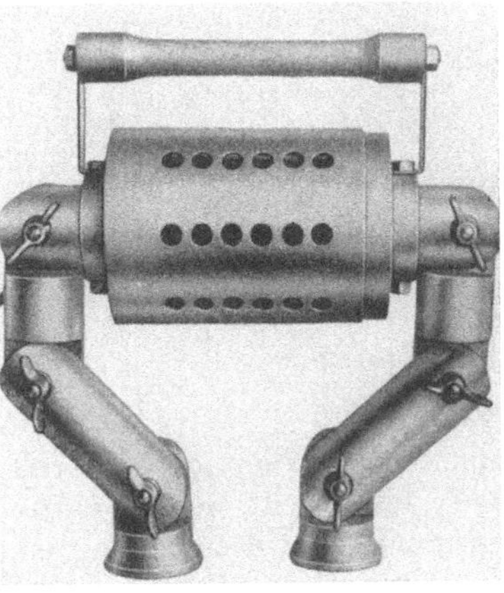

Abb. 43. Handprüfgerät für magnetische Probe.

bruches rechtzeitig erkennen. Hauptsächlich benutzt man zur zerstörungsfreien Prüfung die magnetische und Röntgen-Untersuchung.

Magnetische Durchflutung.

Dieses Verfahren fußt auf der Erscheinung, daß in ferromagnetischen Körpern magnetische Kraftlinien durch etwa vorhandene Unegelmäßigkeiten abgelenkt werden. Abb. 41 zeigt die Veränderung des magnetischen Flusses, hervorgerufen durch eine quer zu den Kraftlinien liegende Fehlstelle. Liegt der Materialfehler parallel zur Hauptabmessung des Prüfmaterials, wie das in Abb. 42 der Fall ist, so läßt man das Untersuchungsstück in der Hauptabmessung von einer elektrischen Strombahn durchfließen und beobachtet die Ablenkung der entstehenden magnetischen Feldlinien.

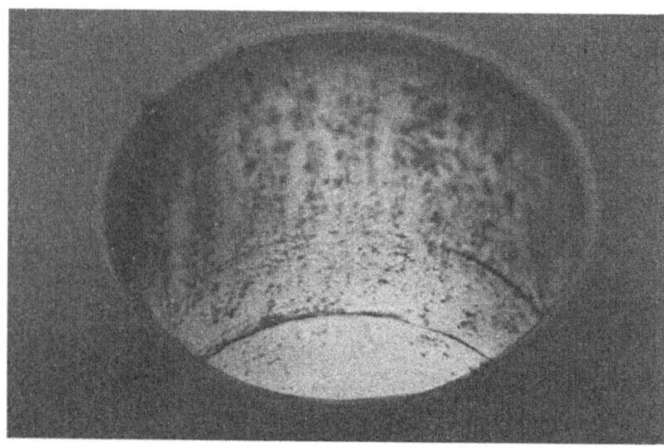

Abb. 44. Nietloch vor der Prüfung; keine Risse erkennbar.

Die Veränderung der magnetischen Kraftfelder erkennt man durch Ansammlung von Eisenpulver, das in Form von Metallöl auf die Oberfläche des Materials vorher aufgetragen ist. Geräte für magnetische Durchflutung nennt man Ferroskop, für elektrische Durchflutung Ferroflux. Abb. 43 zeigt eine einfache Ausführung eines Bandmagneten für magnetische Durchflutung mit einer Leistung von 30 Watt pro Minute.

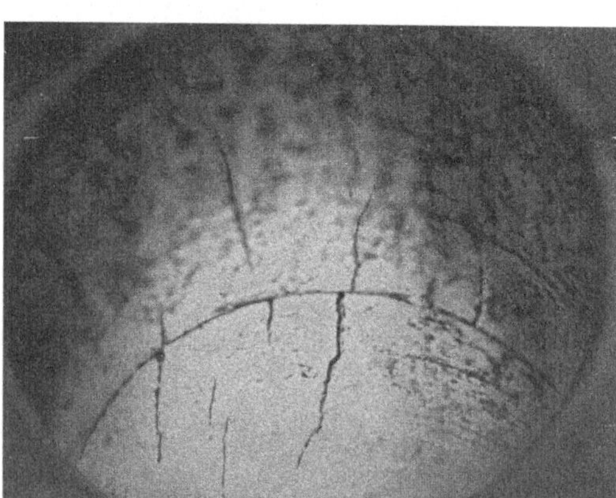

Abb. 45. Dasselbe Nietloch wie in Abb. 43 nach der Prüfung; die Risse sind erkennbar.

Mit Hilfe der magnetischen Probe können sonst nicht erkennbare Haarrisse, Einschlüsse, schlechte Schweißungen usw. festgestellt werden. Abb. 44 u. 45 zeigen den Erfolg der ferroskopischen Untersuchung eines Nietloches. In Abb. 45 stellt man durch das Magnetpulververfahren das Vorhandensein von Haarrissen in dem Nietloch fest.

Röntgendurchleuchtung.

Das Röntgenlicht besitzt eine kleine Wellenlänge, mit der es Metalle durchdringen kann. Die Durchstrahlungsdicke hängt von der angelegten Röntgenröhrenspannung und von der Art des zu durchstrahlenden Materials ab. Man kann mit 200 KV Röntgenröhrenspannung Flußstahl bis zu 90 mm und Leichtmetalle bis zu 250 mm durchdringen. Enthält das durchleuchtete Material Fehler, so tritt an diesen Stellen eine Ab-

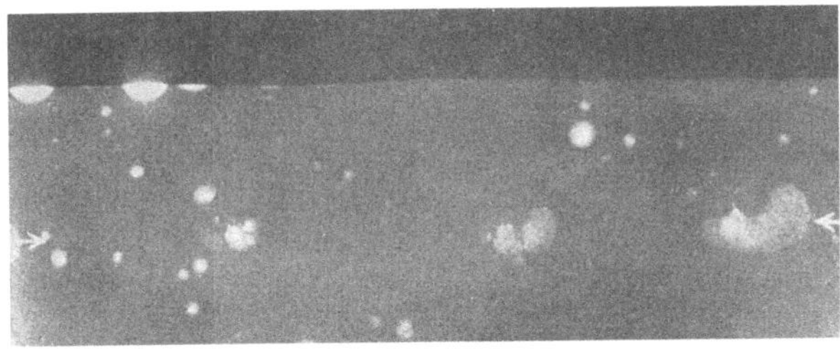

Abb. 46. Röntgenschattenbild eines stark porigen Stahlgußrohres.
(Abb. 46 u. 47 aus Berg- und Hüttenmännische Monatshefte Bd. 86, 7.)

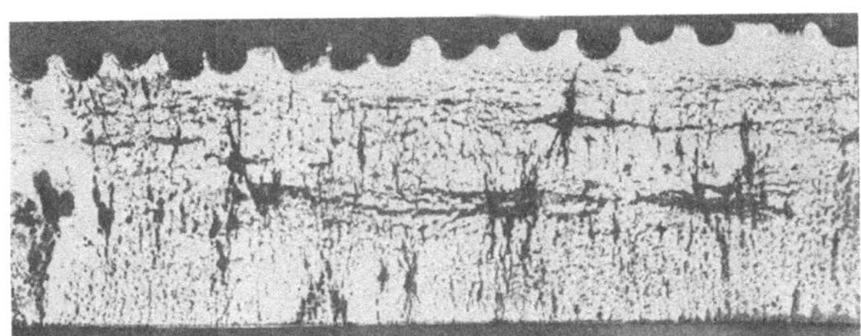

Abb. 47. Dasselbe Stahlgußrohrstück mit Poren, kreuzweise magnetisiert.

sorptionsänderung der Röntgenstrahlen auf, die sich auf dem Film andeuten. Abb. 46 zeigt das Schattenbild einer solchen Röntgenuntersuchung. Die darüberstehende Abb. 47 des gleichen Stahlgußrohres bestätigt durch das kreuzweise angewandte Magnetpulververfahren die Richtigkeit der durch das Röntgenschattenbild gefundenen Fehlstellen.

3. Gefüge-Untersuchung.

Herstellungsweise und Weiterbehandlung der Metalle beeinflussen den inneren Aufbau der Werkstoffe. Es entsteht grobes bis feines Gefüge. Die Art des Gefüges ist mitbestimmend für die Werkstoffeigenschaften. Festigkeit und Dehnung werden durch Kornverfeinerung verbessert.

Die technischen Metalle bauen sich nicht aus einem gleichmäßigen Gittersystem von Kristalliten auf. Vielmehr ist der Metallaufbau durch Fehlstellen wie Schlackeneinschlüsse, Lunker, Seigerungen, feinste Risse oder unerwünschte Legierungspartner mehr oder weniger gestört. Aufgabe der Metallographie ist, das Kristallitensystem und die Unregelmäßigkeiten auf optischem Wege zu erkennen.

Schon die Betrachtung ohne optische Hilfsmittel läßt in manchen Fällen die Beurteilung von Werkstoffen zu. Es sei hier an das schon früher erwähnte unterschiedliche Aussehen von Gewalt- und Dauerbruchfläche erinnert. An der grauen bzw. weißen Bruchfläche erkennt man leicht graues oder weißes Roheisen.

Für manche Zwecke genügen zur besseren Beobachtung schon einfache optische Mittel wie Lupen, Leuchtlupen oder zum stereoskopischen Betrachten binokulare Lupenmikroskope, wie man sie zur Vorprüfung von Schweißnähten verwendet. Mit solchen Geräten erreicht man bis etwa 40fache Vergrößerung.

Zur Untersuchung des feineren Gefügeaufbaues der Werkstoffe bedient man sich der mikroskopischen Beobachtung. Die Metallmikroskope arbeiten mit auffallendem Licht, da selbst durch dünne Metallfolien nicht genügend Licht fallen kann. Abb. 48 zeigt ein kleines Metallmikroskop in senkrechter Anordnung. Die zu beobachtende Fläche des Materials liegt auf dem Objektivträger auf. Die Lichtquelle ist seitlich angebracht. Die Gefügevergrößerung kann durch ein Okular bzw. auf einer Mattscheibe beobachtet oder durch eine angesetzte Kamera photographiert werden.

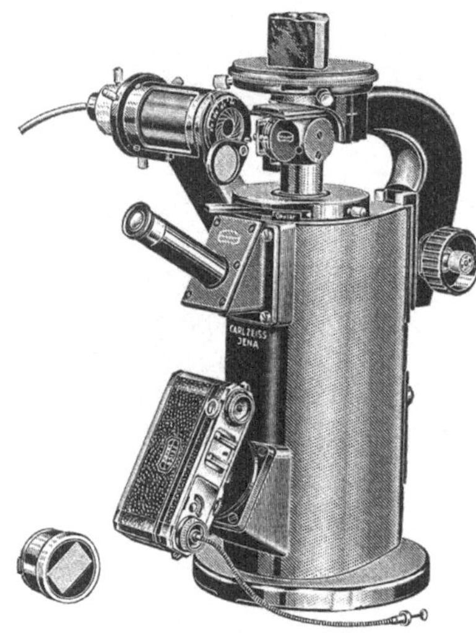

Abb. 48. Kleines Metallmikroskop.
(Zeiß, Werkphoto.)

Um bei der starken Vergrößerung durch das Metallmikroskop einen bestimmten Flächenausschnitt des Werkstoffes gleichmäßig scharf beobachten zu können, stellt man eine ebene Fläche des Prüfstückes her. An der fraglichen Stelle schneidet man mit der Metallsäge möglichst unter Kühlung ein Probestück heraus, das in der Schnittfläche durch Schleifen und anschließendes Polieren zu einem hochglänzenden Schliff verarbeitet wird. Man richtet den Schliff auf Schleif- bzw. Poliermaschinen her, die mit immer feinkörnigeren Schmirgelscheiben bzw. Poliertüchern belegt werden. Als Poliermittel kommen aufgeschwämmte Tonerde, Eisenoxyd oder ähnliche feinverteilte Massen in Frage.

Die Reflexionsfarben der Schliffe lassen die verschiedenen Kristallite bzw. die Unregelmäßigkeiten des Gefüges erkennen. In vielen Fällen muß zwecks besseren Hervorhebens der Gefügebestandteile eine Oberflächenätzung des Schliffes vorgenommen werden. Schwache Chemikalien verändern die einzelnen angeschnittenen Metallkörner verschieden. In der nachstehenden Tabelle ist eine Zusammenstellung der meist gebräuchlichen Ätzmittel gegeben. Manche Ätzmittel lassen die Kristall-

Ätzmittel für metallographische Untersuchungen.

Ätzmittel	Zusammensetzung	Ätzvorschrift	Anwendung
1. Salpetersäure	1 cm³ Salpetersäure 1,40 in 100 cm³ Alkohol	Ätzdauer etwa 35 sec	für Kohlenstoff und schwach legierte Stähle
	3 cm³ Salpetersäure 1,40 in 100 cm³ Alkohol	Ätzdauer etwa 30 sec	für kohlenstoffarme Stähle zur Entwicklung d. Ferrit-Korngrenzen
2. Salzsäure . .	2 cm³ Salzsäure 1,19 in 100 cm³ Alkohol	Ätzdauer bis zu mehreren Minuten	besonders für legierte Stähle
3. Pikrinsäure .	1 g Pikrinsäure in 25 cm³ Alkohol	Ätzdauer etwa 10 bis 20 sec	besonders zum Ätzen von körnig. Perlit
4. Kupferammoniumchlorid .	1 g Kupferammoniumchlorid in 12 cm³ Wasser	einige Sekunden Ätzdauer	für Kupferlegierungen

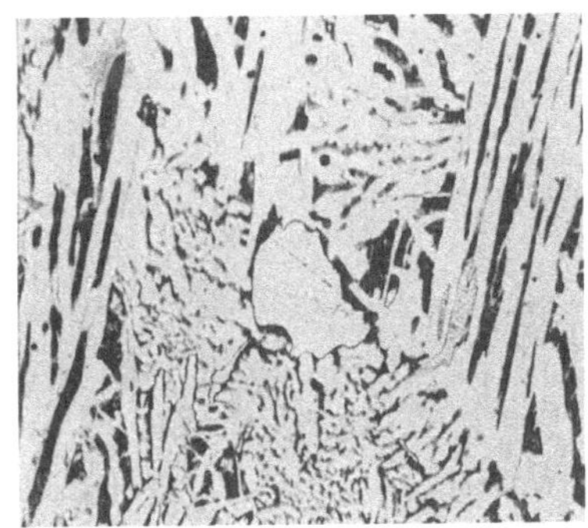

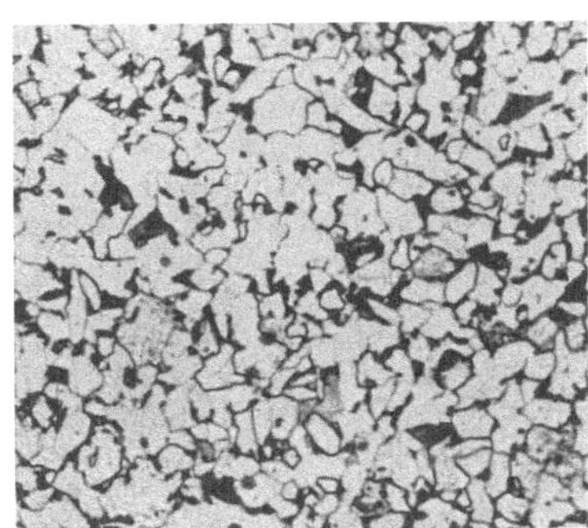

Abb. 49. Stahlguß ungeglüht.   Abb. 50. Stahlguß geglüht.
(Abb. 49 u. 50 aus Rheinmetall-Borsig-Mitteilungen 1934.)

umrisse (Korngrenzenätzung), andere mehr die verschiedenen Kristallite (Kornfelderätzung) hervortreten. Abb. 13 u. 14 (S. 42) sind Beispiele für die Wirkungen der Ätzmittel. Wie lange und in welcher Konzentration die chemische Beeinflussung der Schliffoberfläche vorgenommen werden muß, ist eine Frage der Erfahrung.

Eine umfassende Beurteilung einer Schliffbeobachtung ist nur möglich, wenn nähere Angaben über den vorliegenden Werkstoff bekannt sind. Die Entscheidung über die Art des beobachteten Gefüges erfordert die Kenntnis des Zustandsdiagrammes, der ungefähren chemischen Zusammensetzung und der Behandlungsmethode des Werkstoffes.

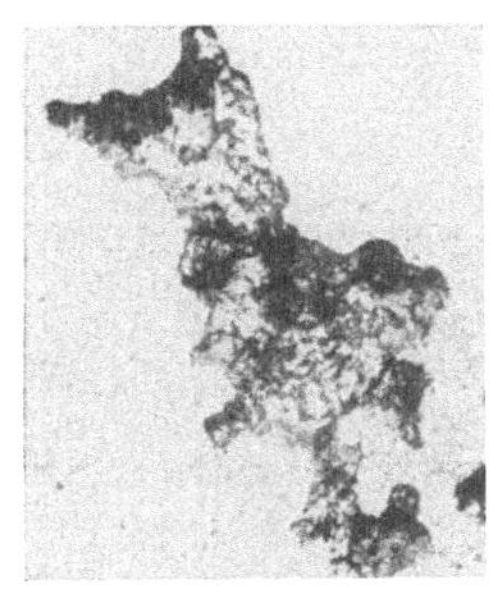

Abb. 51. Lunker in einem Gußstück (Borsig 1931, TWL. 30 612.).

Durch Schliffbetrachtungen hat man die Möglichkeit, den Herstellungsgang des Werkstoffes aufs genaueste zu kontrollieren, oder schädliche Einschlüsse festzustellen. In Abb. 49 u. 50 erkennt man im Gefügebild den günstigen

Einfluß des Normalglühens beim Stahlguß. Die erreichte Kornverfeinerung erhöhte die Festigkeit. Ein Beispiel für den Nachweis von Lunker ist das Schliffbild in Abb. 51. Eine besonders erfolgreiche Anwendung des Schliffbildverfahrens hat man bei der Untersuchung der Legierungen, wie in den vorhergehenden Abschnitten an mehreren Beispielen dargelegt wurde.

Literatur-Verzeichnis.

Aluminium-Taschenbuch. Berlin: Aluminium-Zentrale 1937.

Bauer, H.: Der Schiffsmaschinenbau. 3. u. 4. Bd. München: R. Oldenbourg 1941.

Bauer, O., O. Krähnke, G. Masing: Die Korrosion metallischer Werkstoffe. Leipzig: Hirzel 1936—1940.

Debar, R.: Leichtmetallkunde. Leipzig: M. Jänecke 1937.

Dubbel, H.: Taschenbuch für den Maschinenbau. Berlin: Springer 1935.

Evers, H.: Kriegschiffbau. Berlin: Springer 1931.

Gerhardt, H. und A. Höfner: Deutsche Roh- und Werkstoffe. Frankfurt: Fritz Knapp.

Gilles, Chr.: Gußeisen. Berlin: Springer 1936.

Handbuch der Werkstoffprüfung, herausgegeben von E. Siebel. Berlin Springer 1940.

Herbers, H.: Härten und Vergüten des Stahles. Berlin: Springer 1938.

Hütte: Taschenbuch für Stoffkunde. Berlin: W. Ernst & Sohn. 1941.

Kunststoff-Wegweiser. Berlin: Verlag Chemie 1937.

Kunststoff-Taschenbuch. Berlin: Verlag Physik.

Kropf, A. Die Technologie des Edelstahles. Halle: Wilh. Knapp 1934.

Mienes, K. Die deutschen Kunststoffe und ihre wirtschaftspolitische Bedeutung. Z. angew. Chem. 1938, Nr. 39.

Mies, O.: Metallographie. Berlin: Springer 1937.

Neumann, B.: Lehrbuch der chemischen Technologie und Metallurgie. Berlin: Springer 1939.

Niezoldi, O.: Ausgewählte chemische Untersuchungsmethoden für die Stahl- und Eisenindustrie. Berlin: Springer 1936.

Oberhoffer, P.: Das technische Eisen. Berlin: Springer 1938.

Paarmann, S.: Chemie des Waffen- und Maschinenwesens. Berlin: Springer 1942.

Rapatz, E.: Die Edelstähle. Berlin: Springer 1942.

v. Renesse, H.: Werkstoffratgeber. Essen: W. Giradet 1939.

Riebensahm, P.-Traeger: Werkstoffprüfung (Metalle). Berlin: Springer 1936.

Schimpke, P.: Technologie der Maschinenbaustoffe. Leipzig: Hirzel 1931.

Schwimming, W.: Konstruktion und Werkstoff der Geschützrohre und Gewehrläufe. Berlin: VDI-Verlag 1940.

Späth, W.: Physik der mechanischen Werkstoffprüfung. Berlin: Springer 1938.

Stumper, R.: Die Chemie der Bau- und Betriebsstoffe des Dampfkesselwesens. Berlin: Springer 1928.

Tamman, G.: Lehrbuch der Metallkunde. Leipzig: L. Voß 1932.

Taschenbuch für den Artilleristen. Düsseldorf: Rheinmetall-Borsig 1936.

Todt, F.: Messung und Verhütung der Metallkorrosion. Berlin: de Gruyter 1941.

Werkstoff Magnesium, 2. Aufl. Berlin: VDI-Verlag 1939.

Werkstoffhandbuch Nichteisenmetalle. VDI 1936—40.

Werkstoffhandbuch Eisen und Stahl. Düsseldorf 1940.

Werkstoffnormen Stahl, Eisen, Nichteisenmetalle, DIN Taschenbuch 4. Berlin: Beuth-Vertrieb 1939.